"十二五"职业教育国家规划教材
经全国职业教育教材审定委员会审定
普通高等教育"十一五"国家级规划教材
高职高专电子信息类专业系列教材

电器产品强制认证基础

第 2 版

主　编　佘少华

副主编　兰小海

参　编　容海成　聂　晓

机械工业出版社

本书为"十二五"职业教育国家规划教材，经全国职业教育教材审定委员会审定。本书对电器产品强制认证在国内的申请程序、检验规范、工厂质量管理要求等方面进行了概述，重点介绍了电器安全检验通用技术要求、工厂质量控制等方面的知识。

本书分为8章，对应电器产品强制认证行业的3个岗位。其中第1章对应认证申请岗位，第2~7章对应电器产品检验岗位，第8章对应工厂质量控制岗位。书中选择最新的国家标准和政策要求，引入大量产品检验的案例，各章节以标准要求的检验项目为主线组成，使读者能够系统获得电器产品强制认证的通用技术要求，以及检验所需的试验设备、测试原理、检验方法等方面的基本知识，培养读者正确理解标准和正确执行标准的能力，使读者能运用所学到的知识对有关电器产品是否符合强制认证要求做出准确判断。

本书可作为高等职业院校机电类、电子类产品设计与检测的相关专业教材，也可作为企业技术人员的培训教材和参考书。

为方便教学，本书配有免费电子课件、习题解答、模拟试卷及答案等，凡选用本书作为授课教材的教师，均可来电免费索取。咨询电话：010-88379375；Email：cmpgaozhi@ sina. com。

图书在版编目（CIP）数据

电器产品强制认证基础/佘少华主编. —2版. —北京：机械工业出版社，2016.1（2022.1 重印）

"十二五"职业教育国家规划教材　经全国职业教育教材审定委员会审定　普通高等教育"十一五"国家级规划教材　高职高专电子信息类专业系列教材

ISBN 978-7-111-52099-3

Ⅰ.①电…　Ⅱ.①佘…　Ⅲ.①日用电气器具-商品规格质量-认证-高等职业教育-教材　Ⅳ.①TM925

中国版本图书馆 CIP 数据核字（2015）第 266694 号

机械工业出版社（北京市百万庄大街22号　邮政编码100037）
策划编辑：于　宁　王宗锋　责任编辑：于　宁　王宗锋　冯睿娟　王　英
责任校对：张玉琴　　　　　封面设计：陈　沛
责任印制：邰　敏
北京中科印刷有限公司印刷
2022 年 1 月第 2 版第 4 次印刷
184mm×260mm · 13.75 印张 · 340 千字
标准书号：ISBN 978-7-111-52099-3
定价：49.80 元

电话服务　　　　　　　　　　网络服务
客服电话：010-88361066　　　机　工　官　网：www.cmpbook.com
　　　　　010-88379833　　　机　工　官　博：weibo. com/cmp1952
　　　　　010-68326294　　　金　书　网：www.golden-book.com
封底无防伪标均为盗版　机工教育服务网：www.cmpedu.com

前　言

产品认证制度由于其科学性和公正性，已被世界大多数国家广泛采用。实行市场经济制度的国家，政府利用强制性产品认证制度作为产品市场准入的手段，正在成为国际通行的做法。

随着我国加入 WTO，2001 年 12 月 21 日国家质量监督检验检疫总局审议通过了由国家质量监督检验检疫总局和国家认证认可监督管理委员会共同制定的《强制性产品认证管理规定》，认证标志基本图案中"CCC"为"中国强制性产品认证"（China Compulsory Certification）的英文缩写，该标志简称为"3C"标志，该认证也简称为 CCC 认证或 3C 认证。

本书总结了编者多年强制认证的实际工作经验，在消化吸收国际最新强制认证标准要求以及国内外培训机构在强制认证方面的培训内容的基础上，结合第 1 版教材使用 5 年来的教学反馈编写而成，对读者与企业的质量检验和设计人员均有较大的帮助。

本书重点介绍在认证中以及企业生产中经常需要检验的电器安全的通用要求，培养读者的岗位技能。对于大多数企业无能力检验的项目，仅做部分简述，以供读者在今后实际需要时有例可查。

本书共分为 8 章。其中第 1 章对应认证申请岗位，第 2~7 章对应电器产品检验岗位，第 8 章对应工厂质量控制岗位。本书引入了大量产品检验的案例，每个章节以检验项目为主线组成。每个检验项目的知识叙述完后，读者按照标准要求，针对实际产品进行检验，让读者在实践中认识标准，掌握标准，强化读者正确理解标准和正确执行标准的能力。

"电器产品强制认证基础"是一门重要的专业平台课，通过该课程的教学，培养学生对标准的理解能力和实验动手能力，使学生能运用所学到的电器安全知识对有关电器产品是否符合国家强制认证要求做出准确判断。本课程建议理论教学学时数为 60 学时，并增加一周实训（实训周安排对某电器进行型式试验），学习本课程需具备电工、电子方面的知识。

本书由广东机电职业技术学院佘少华主编，广州同励认证咨询有限公司、金羚电器有限公司及部分工厂审核人员均为本书提供了大量的案例和资料。其中第 1、2 章由佘少华编写，第 3~8 章由广东机电职业技术学院兰小海、容海成、聂晓编写，最后由佘少华负责全书的统稿。

编　者

目　录

Chapter 1

第1章 强制认证准备

知识点

- 家用电器产品检验的基础知识
- 家用电器产品的分类
- 产品的单元划分
- 强制认证的流程

难点

- 家用电器产品的分类
- 产品的单元划分

学习目标

掌握：
- 强制认证的流程
- 家用电器产品的分类
- 产品的单元划分

了解：
- 强制认证的基本状况
- 家电产品的检验依据
- 家电产品的检验特点

　　强制性产品认证制度实施后，在国家检测机构、认证机构、工厂和认证咨询机构出现大量工作岗位。依据工作性质的不同大体分为三类：①从事认证申请的文职工作人员；②从事产品检验与整改的技术人员；③从事工厂审查阶段的相关审厂员和企业质量管理人员。本书第1章介绍认证申请的相关内容，第2~7章介绍产品检验与整改的相关内容，第8章介绍工厂审查方面的相关内容。

　　由于相关国家标准非常多，限于篇幅，本书主要以 GB 4706.1—2005《家用和类似用途电器的安全　第1部分：通用要求》进行编写。读者在学习中请尽量多地去阅读 GB 4706 系列的其他特殊要求以及其他电器的国家标准（如 GB 9706 系列，医用电器的安全要求）。

除标准外，本书主要引用的认证规则有 CNCA-01C-016 2010《电气电子产品类强制性认证实施规则（家用和类似用途设备）》和《家用和类似用途设备、音视频设备、信息技术设备强制性认证工厂检查要求》。为保证学习效果，请读者自行准备以上规则和相关标准用于学习。

以下几个原则贯穿整个认证过程，望读者牢记并在学习过程中逐渐印证：

1）各种器具的结构应使其在正常使用中能安全地工作，即使在正常使用中出现可能的疏忽时，也不会引起对人员和周围的环境的危险。（GB 4706.1[○-]第 4 章）

2）最不利原则：当器具存在多种电压、电流、功率、元器件、状态等各种情况时，检验应在那些可能导致最不利结果的情况下进行。（GB 4706.1 第 5 章）

最后，对本书常用的"检验"和"试验"两个词做一个说明：检验是指根据标准对某个样品进行试验和结果判定的整个过程，目的是检验并验证；试验是为了了解它的性能或者结果而进行的尝试性操作。如一个接地试验是利用接地试验仪测试样品的接地电阻，而接地检验包含接地试验及其他接地结构的检查，并做出是否合格的判定。

1.1 强制认证概述

1.1.1 认证起源及概述

强制性产品认证制度，是各国政府为保护广大消费者人身生命安全、保护环境、保护国家安全，依照法律法规实施的一种产品合格评定制度，它要求产品必须符合国家标准和技术法规。强制性产品认证，是通过制定强制性产品认证的产品目录和实施强制性产品认证程序，对列入目录中的产品实施强制性的检测和审核。凡列入强制性产品认证目录内的产品，没有获得指定认证机构的认证证书，没有按规定加施认证标志，一律不得进口、不得出厂销售和在经营服务场所使用。

强制性产品认证制度在推动国家各种技术法规和标准的贯彻、规范市场经济秩序、打击假冒伪劣产品、促进产品的质量管理水平和保护消费者权益等方面，具有其他工作不可替代的作用和优势。

实施产品认证可以从源头上保证产品质量，提高产品在国内外市场的竞争力，有利于突破国外设立的技术壁垒，有利于国际互认，促进外贸增长。实施产品认证，是贯彻执行国家标准的有效手段，可对消费者选购放心产品起指导作用，营造公平竞争的市场环境，从根本上遏止假冒伪劣商品，更好地保护消费者的健康和生命安全。

认证制度由于其科学性和公正性，已被世界大多数国家广泛采用。实行市场经济制度的国家，政府利用强制性产品认证制度作为产品市场准入的手段，正在成为国际通行的做法。

1971 年，国际标准化组织（International Organization for Standardization，简称 ISO）成立了"认证委员会"（CERTICO），1985 年，易名为"合格评定委员会"（CASCO），促进了各国产品品质认证制度的发展。现在，全世界各国的产品品质认证一般都依据国际标准进行认证。国际标准中的 60% 是由 ISO 制定的，20% 是由国际电工委员会（IEC）制定的，20% 是由其他国际标准化组织制定的。也有很多是依据各国自己的国家标准和国外先进标准进行

○- 本书中同一标准的年代号相同，仅在标准第一次出现时标出年代号。

认证的，如欧洲的 CE 认证、美国的 UL 认证、日本的 ST 认证以及我国推行的 3C 认证。

产品品质认证包括合格认证和安全认证两种。依据标准中的性能要求进行认证叫作合格认证；依据标准中的安全要求进行认证叫作安全认证。前者是自愿的，后者是强制性的。

我国在 1981 年 4 月成立了第一个认证机构——"中国电子器件质量认证委员会"。长期以来，我国的强制性产品认证制度存在着政出多门、重复评审、重复收费以及认证行为与执法行为不分的问题。尤其突出的是对于国产产品和进口产品存在着对内、对外两套认证管理体系。原中国电工产品认证委员会（China Commission for Conformity Certification of Electrical Equipment，CCEE）实施的电工产品安全认证（简称长城认证或 CCEE 认证）、中国进出口质量认证中心（China Quality Certification Centre，CQC）实施的进口商品安全质量许可制度（简称 CCIB 认证），这两个制度将一部分进口产品共同列入了强制认证的范畴，因而导致了由两个主管部门对同一种进口产品实施两次认证、贴两个标志、执行两种标准与程序。随着我国加入世界贸易组织（World Trade Organization，WTO），根据世贸协议和国际通行规则，要求我国将两种认证制度统一起来，对强制性产品认证制度实施"四个统一"，即统一目录，统一标准、技术法规、合格评定程序，统一认证标志，统一收费标准。同时，为完善和规范我国的强制性产品认证制度，应解决政出多门、认证行为与执法行为不分离的问题，使之适应我国市场经济发展的需要，更好地为经济和贸易发展服务。

2001 年 12 月，中华人民共和国国家质量监督检验检疫总局（简称国家质检总局）发布了《强制性产品认证管理规定》（以下简称《规定》），以强制性产品认证制度替代原来的进口商品安全质量许可制度和电工产品安全认证制度。中国强制性产品认证（简称为"CCC 认证"或"3C 认证"），是一种法定的强制性安全认证制度，也是国际上广泛采用的保护消费者权益、维护消费者人身财产安全的基本做法。

列入《实施强制性产品认证的产品目录》中的产品包括家用电器、汽车、安全玻璃、医疗器械、电线电缆和玩具等产品。2002 年 5 月 1 日，国家质量监督检验检疫总局和国家认证认可监督管理委员会发出第 33 号联合公告，将 19 类 132 种产品列入《第一批实施强制性产品认证的产品目录》$^{\ominus}$，具体如下：

1. 电线电缆（共 5 种）

电线组件，矿用橡套软电缆，交流额定电压 3kV 及以下铁路机车车辆用电线电缆，额定电压 450/750V 及以下橡皮绝缘电线电缆，额定电压 450/750V 及以下聚氯乙烯绝缘电线电缆。

2. 电路开关及保护或连接用电器装置（共 6 种）

耦合器（家用、工业用和类似用途器具），插头插座（家用、工业用和类似用途），热熔断体，小型熔断器的管状熔断体，家用和类似用途固定式电气装置的开关，家用和类似用途固定式电气装置电器附件外壳。

3. 低压电器（共 9 种）

剩余电流动作保护器，断路器（含 RCCB、RCBO、MCB），熔断器，低压开关（隔离器、隔离开关、熔断器组合电器），其他电路保护装置（保护器类：限流器、电路保护装置、

$^{\ominus}$ 从 2004 年至今，国家认监委对该目录做了多次小幅度变更，请读者到国家认证认可监督管理委员会（简称国家认监委）网站查询最新目录。

过电流保护器、热保护器、过载继电器、低压机电式接触器、电动机起动器），继电器（36V ＜ 电压 ≤ 1000V），其他开关（电器开关、真空开关、压力开关、接近开关、脚踏开关、热敏开关、液位开关、按钮、限位开关、微动开关、倒顺开关、温度开关、行程开关、转换开关、自动转换开关、刀开关），其他装置（接触器、电动机起动器、信号灯、辅助触头组件、主令控制器、交流半导体电动机控制器和起动器），低压成套开关设备。

4. 小功率电动机（共 1 种）

小功率电动机。

5. 电动工具（共 16 种）

电钻（含冲击电钻），电动螺钉旋具和冲击扳手，电动砂轮机，砂光机，圆锯，电锤（含电镐），不易燃液体电喷枪，电剪刀（含双刃电剪刀、电冲剪），攻螺纹机，往复锯（含曲线锯、刀锯），插入式混凝土振动器，电链锯，电刨，电动修枝剪和电动草剪，电木铣和修边机，电动石材切割机（含大理石切割机）。

6. 电焊机（共 15 种）

小型交流弧焊机，交流弧焊机，直流弧焊机，TIG 弧焊机，MIG/MAG 弧焊机，埋弧焊机，等离子弧切割机，等离子弧焊机，弧焊变压器防触电装置，焊接电缆耦合装置，电阻焊机，焊机送丝装置，TIG 焊焊炬，MIG/MAG 焊焊枪，电焊钳。

7. 家用和类似用途设备（共 18 种）

1）家用电冰箱和食品冷冻箱：有效容积在 500L（$1L = 10^{-3} m^3$）以下，家用或类似用途的有或无冷冻食品储藏室的电冰箱、冷冻食品储藏箱和食品冷冻箱及它们的组合。

2）电风扇：单相交流和直流家用和类似用途的电风扇。

3）空调器：制冷量不超过 21000kcal/h（1kcal = 4.1868kJ）的家用及类似用途的空调器。

4）电动机-压缩机：输入功率在 5000W 以下的家用和类似用途空调器和制冷装置所用密闭式（全封闭型、半封闭型）电动机-压缩机。

5）家用电动洗衣机：带或不带水加热装置、脱水装置或干衣装置的洗涤衣物的电动洗衣机。

6）电热水器：将水加热至沸点以下的固定的储水式和快热式电热水器。

7）室内加热器：家用和类似用途的辐射式加热器、板状加热器、充液式加热器、风扇式加热器、对流式加热器和管状加热器。

8）真空吸尘器：具有吸除干燥灰尘或液体的作用，由串励换向器电动机或直流电动机驱动的真空吸尘器。

9）皮肤和毛发护理器具：用作人或动物的皮肤、毛发护理并带有电热元件的电器。

10）电熨斗：家用和类似用途的干式电熨斗和湿式（蒸汽）电熨斗。

11）电磁灶：家用和类似用途的采用电磁能加热的灶具，它可以包含一个或多个电磁加热元件。

12）电烤箱：包括额定容积不超过 10L 的家用和类似用途的电烤箱、面包烘烤器、华夫烙饼模和类似器具。

13）电动食品加工器具：家用电动食品加工器和类似用途的多功能食品加工器。

14）微波炉：频率在 300MHz 以上的一个或多个 ISM 波段的电磁能量来加热食物和饮料

的家用器具，它可带有着色功能和蒸汽功能。ISM（Industrical Scientific Medical）波段是指专为工业、科学和医疗应用而保留的波段。

15）电灶、灶台、烤炉和类似器具：包括家用电灶、分离式固定烤炉、灶台、台式电灶、电灶的灶头、烤架和烤盘及内装式烤炉、烤架。

16）吸油烟机：安装在家用烹调器具和炉灶的上部，带有风扇、电灯和控制调节器之类用于抽吸排除厨房中油烟的家用电器。

17）液体加热器和冷热饮水机。

18）电饭锅：采用电热元件加热的自动保温式或定时式电饭锅。

8. 音视频设备类（不包括广播级音响设备和汽车音响设备）（共 16 种）

总输出功率在 500W（有效值）以下的单扬声器和多扬声器有源音箱，音频功率放大器，调谐器，各种广播波段的收音机，各类载体形式的音视频录制，播放及处理设备（包括各类光盘、磁带等载体形式），及以上设备的组合，为音视频设备配套的电源适配器，各种成像方式的彩色电视接收机，监视器（不包括汽车用电视接收机），黑白电视接收机及其他单色的电视接收机，显像（示）管，录像机，卫星电视广播接收机，电子琴，天线放大器，声音和电视信号的电缆分配系统设备与部件。

9. 信息技术设备（共 12 种）

微型计算机，笔记本式计算机，与计算机连用的显示设备，与计算机相连的打印设备，多用途打印复印机，扫描仪，计算机内置电源及电源适配器充电器，电脑游戏机，学习机，复印机，服务器，金融及贸易结算电子设备。

10. 照明设备（共 2 种）（不包括电压低于 36V 的照明设备）

灯具、镇流器。

11. 电信终端设备（共 9 种）

调制解调器，传真机，固定电话终端（普通电话机、主叫号码显示电话机、卡式管理电话机、录音电话机、投币电话机、智能卡式电话机、IC 卡公用电话机、免提电话机、数字电话机、电话机附加装置），无绳电话终端（模拟无绳电话机、数字无绳电话机），集团电话（集团电话、电话会议总机），移动用户终端包括模拟移动电话机、GSM 数字蜂窝移动台（手持机和其他终端设备）、CDMA 数字蜂窝移动台（手持机和其他终端设备），ISDN 终端包括网络终端设备（NT1、NT1＋）、终端适配器（卡）（TA），数据终端（存储转发传真/语音卡、POS 终端、接口转换器、网络集线器、其他数据终端），多媒体终端（可视电话、会议电视终端、信息点播终端、其他多媒体终端）。

12. 机动车辆及安全附件（共 4 种）

1）汽车：在公路及城市道路上行驶的 M、N、O 类车辆。

2）摩托车。

3）汽车摩托车零部件：汽车安全带，摩托车发动机。

13. 机动车辆轮胎（共 3 种）

1）汽车轮胎：轿车轮胎（轿车子午线轮胎、轿车斜交轮胎），载重汽车轮胎（微型载重汽车轮胎、轻型载重汽车轮胎、中型/重型载重汽车轮胎）。

2）摩托车轮胎：摩托车轮胎（代号表示系列、公制系列、轻便型系列、小轮径系列）。

14. 安全玻璃（共 3 种）

汽车安全玻璃（A 类夹层玻璃、B 类夹层玻璃、区域钢化玻璃、钢化玻璃），建筑安全玻璃（夹层玻璃、钢化玻璃），铁道车辆用安全玻璃（夹层玻璃、钢化玻璃、安全中空玻璃）。

15. 农机产品（共 1 种）

植物保护机械（背负式喷雾机（器）、背负式喷粉机（器）、背负式喷雾喷粉机）。

16. 乳胶制品（共 1 种）

橡胶避孕套。

17. 医疗器械产品（共 7 种）

医用 X 射线诊断设备，血液透析装置，空心纤维透析器，血液净化装置的体外循环管道，心电图机，植入式心脏起搏器和人工心肺机。

18. 消防产品（共 3 种）

火灾报警设备（点型感烟火灾报警探测器、点型感温火灾报警探测器、火灾报警控制器、消防联动控制设备、手动火灾报警按钮），消防水带和喷水灭火设备（洒水喷头、湿式报警阀、水流指示器、消防用压力开关）。

19. 安全技术防范产品（共 1 种）

入侵探测器（室内用微波多普勒探测器、主动红外入侵探测器、室内用被动红外探测器、微波与被动红外复合入侵探测器）。

按《规定》要求：为完善和规范强制性产品认证工作，切实维护国家、社会和公众利益，凡列入强制性产品认证目录的产品，必须经国家指定的认证机构认证合格、取得指定认证机构颁发的认证证书、并加施认证标志后，方可出厂销售、进口和在经营性活动中使用。对列入《实施强制性产品认证的产品目录》（简称《目录》）内的产品，从 2002 年 5 月 1 日起受理申请，自 2003 年 5 月 1 日起，未获得强制性产品认证证书和未加施中国强制性产品认证标志的产品不得出厂、进口和销售。该规定原定于 2003 年 5 月 1 日起开始强制实施，后由于客观原因，国家认证认可监督管理委员会发布 2003 年第 38 号公告，将强制实施日期推迟到 2003 年 8 月 1 日。根据《规定》要求，自实施之日起，强制性产品认证取代此前的中国电工产品认证委员会实施的电工产品安全认证、中国进出口质量认证中心实施的进口商品安全质量许可制度、中国电磁兼容认证中心实施的电磁兼容认证（简称 CEMC 认证）。列入《目录》的产品也同时取消相应的生产许可证制度。

与此前的管理方式不同的是，3C 认证首次在我国国内将电磁兼容的管理纳入强制认证的范畴（此前只是对 6 类进口商品实施电磁兼容强制检验）。凡是列入《目录》的产品，按相应的强制性产品认证实施规则，若包含电磁兼容检测项目，则对其电磁兼容强制检验作为 3C 认证一部分内容来管理。需要说明的是，3C 认证的电磁兼容要求主要是电磁骚扰方面的。

对列入《目录》的产品，通过强制实施 3C 认证的方式进行管理；对未列入《目录》的产品，则通过自愿认证的方式进行管理。另外，无论产品是否列入《目录》，只要在我国国内生产或销售，都需要接受国家或地方的行业或质量管理部门组织的产品质量市场监督抽查和行业监督抽查，对抽查产品的检测按国家相应的强制实施标准进行。

1.1.2　家用电器产品检验依据及特点

1. 国内市场销售产品的检验依据

（1）监督抽查　国家对产品质量进行监督抽查。根据国家监督抽查管理办法的有关规定，抽查的产品范围包括：可能危及人体健康和人身财产安全的产品，可能影响国计民生的工业产品，用户、消费者或有关组织反映有质量问题的产品。家用电器进入千家万户，直接关系人身、财产安全，因此已纳入抽查产品目录内。监督抽查的依据是国家标准、行业标准或国家有关规定。没有国家标准和行业标准的产品，依据地方标准或企业备案的标准。具体的检验项目和判定办法，由承担监督抽查的质量检查机构制定、国家质量管理部门批准实施。监督抽查的具体项目和判定办法，根据产品的具体情况会有些变化，但基本上要涉及标准规定的主要项目，特别是安全项目。由于监督抽查的时间较紧，一般样品数量选择可相对少一些。而判定办法一般用综合判定，这在抽查方案中会有明确规定。

（2）生产许可证　国家对有些产品包括部分家用电器产品实行生产许可证制度。生产许可证所依据的标准主要是国家标准或行业标准，企业或检验机构应按具体产品许可证检验细则中规定的检验项目对产品进行检验。

（3）一般委托检验　一般委托检验指由客户委托检验机构对产品进行的检验，客户可以是家用电器的制造企业，也可能是有关部门，如消费者协会、法院等。一般委托检验的依据是客户与检验机构的约定。

1）型式试验。型式试验指对产品按标准进行全项目的检验，对产品符合标准的程度进行的全面评估。因此，型式试验依据的标准应包括产品的安全标准和性能标准。例如电冰箱的型式试验，除要依据 GB 4706.13—2008 进行安全试验外，还要依据 GB/T 8059—1995 检验它的制冷能力，按相关电磁兼容（Electromagnetic Compatibility，EMC）标准检验它的电磁兼容性、按相关的环境保护标准检验它的氯氟烃（CFC）替代工质，按相关的能效标准检验它的制冷效率。

2）特殊检验。包括为研究开发而进行的检验、产品改进（型）检验和功能评估检验等，检验依据可能是标准的部分项目或特定项目的技术条件。例如产品的安全设计认可，在产品设计和结构设计阶段就针对诸如材料、电气间隙、接线、过电流保护和过热保护等项目进行评审，为客户提供设计方向，使设计模型尽可能与生产接近，取得更准确的结果，这时只选与结构有关的项目进行检验。

再如失效模型验证试验，其性质是加速寿命试验。通过试验研究产品首次及以后何时发生失效并分析失效发生的原因，这类试验一般没有现成的标准或试验方法可以借用，要预先商定试验用技术条件，经检验机构和客户商定后据此技术条件进行试验。

3）仲裁或比较试验。本类型试验的委托方往往是法院或消费者协会。本类型试验除依据有关标准外，有时还涉及合同条款和产品说明书等，这些依据要求应在委托合同中明确。

2. 出口产品的检验依据

（1）出口许可证要求的产品　根据我国有关政府部门的规定，某些家电产品要取得出口许可证之后才可以出口国外（境外）。这类产品的检验依据是有关政府部门制定的出口许可证检验细则等规定，也允许按经确认的出口合同约定的技术条件进行检验。

（2）无出口许可证限制的产品　这类产品的检验依据是产品销售地的法规和相关标准。

例如家用电器进入欧盟市场，应按欧盟指令 LVD（低电压指令）、EMC 对产品进行检验、产品加贴 CE 标志后才可在市场销售。进入北美市场的产品，产品要符合 UL（美国）或 CSA（加拿大）标准，要取得产品认证、加贴产品认证标志后才可在市场销售。

3. 检验依据的标准体系

（1）我国的标准分级　根据《中华人民共和国标准化法》和有关规定，我国标准分成四级，即国家标准、行业标准、地方标准和企业标准。国家标准又分为强制性标准和推荐性标准两类，凡涉及环境、卫生、安全的标准属于强制性标准，必须强制执行和管理。行业标准是对国家标准的补充，是专业性、技术性较强的标准。行业标准不得与国家标准相抵触。地方标准是由省、市质量技术监督主管部门批准的标准，地方标准的范围，仅限于环境、卫生、安全等地方法规规定而必须制定的标准，凡已有国家标准的不能再制定地方标准。企业标准是由企业法人发布的仅适用于本企业的标准。

（2）家用电器标准分类　家用电器检验涉及的国家标准或行业标准有近千个，大体可以分为以下几种类别：

1）基础类标准：涉及名词术语、图形符号、测试结果误差表示方法、大气环境条件、电气技术用文件的编制、消费品使用说明、颜色的识别方法和分类、国际单位制、防触电保护分类和包装标识等基础标准。

2）基本试验方法类标准：包括环境条件、包装、运输、标志、储存、外壳防护等级试验方法；防火试验方法；绝缘材料、耐热试验方法；电气性能试验方法；金属涂层试验方法等试验方法标准。

3）产品安全类标准：包括 GB 4706.1—2005《家用和类似用途电器的安全　等 1 部分：通用要求》、GB 4706.2—2007《家用和类似用途电器的安全　第 2 部分：电熨斗的特殊要求》等系列产品特殊要求及电磁兼容、环境保护等方面的标准。

4）产品性能类标准：包括产品性能标准要求、性能试验方法、可靠性要求与试验方法等标准。

5）家用电器用的零部件类标准：主要包括电气部件标准和一般功能标准件的标准。

6）家用电器用的材料类标准：主要包括电气部件的绝缘材料、金属材料等的试验方法和标准。

7）产品分级考核标准：如产品能效分级标准。

检验依据的标准必须是当前有效版本，要注意跟踪家用电器及其相应标准的更新动态和国际标准化的发展动向。

4. 家用电器检验特点

（1）家用电器检验依据的标准国际化　根据国家积极采用国外先进标准的指导思想，我国的家用电器标准基本上以等同采用国际电工委员会（IEC）标准和国际标准化组织（ISO）标准为主，已形成比较完善、能与国际接轨的标准体系。现行家用电器安全标准与 IEC 家用电器标准体系一致，以 GB 4706.1 对应 IEC 60335-1 安全通用要求，以 GB 4706.2 等系列标准对应 IEC 60335-2 系列产品安全特殊要求。国家标准紧密跟踪 IEC 标准的变化，不断更新版本，满足了我国国内家用电器产品的销售需要，也促进出口国际市场销售。随着标准内容的更新，对检验的技术水平要求也越来越高。由于标准基本上采用 IEC 标准，因此要正确理解 IEC 标准条款的具体含义，难度比较大。既要求能结合原版英文标准来理解国家标准，又要求对产品的结构比较清楚，这就对检验人员提出更高的要求。由于标准国际化也要求增加新的检验仪器设备，检验人员对各类新仪器从测量原理到具体操作，都需花更多的精力消化理解。随着家电产品整机标准的发展，家用电器整机所采用的主要零部件标准也逐步和国际上的标准接轨，一些关键的电器部件标准也积极采用国际标准，这就要求检验人员不但要精通家用电器整机标准，还要熟悉相关的部件标准。

（2）检验结果国际认可　随着家用电器国际贸易的发展，我国出口的产品中家用电器所占的比例也越来越大，企业产品要出口到哪个国家就需获得哪个国家的检验认证，由于存在标准和技术语言交流方面的问题，给许多企业产品出口获得国外认证工作带来极大的困难，因此企业迫切要求能在我国国内的检验机构检测合格后，其检验结果能获得国外的认可。我国从 20 世纪 80 年代末到 20 世纪 90 年代初开始进行这项工作，加入国际电工产品安全认证组织（IECEE）的 CB 体系。该组织现有 47 个成员国，凡是该组织认可的实验室的检测结果可以被该组织成员国所接受。被 IECEE 认可的实验室所出具的检测报告（CB 报告），可以被 IECEE 成员国所接受，非 IECEE 成员国也有部分国家接受 CB 测试结果。利用 CB 检测报告和证书，还可以转换 IECEE 成员国的认证证书，减少了重复检验的费用和耗费的时间，为家用电器产品出口提供了便利条件。这几年，我国的 CB 实验室也注重加大国际的交流力度和参加相应 IEC 国际会议，对正确按国际标准检测相应产品已具备相当的经验，能够保持检测结果和国际上其他检验机构的一致性。

（3）检测要求不断发展　由于家用电器产品涉及人身安全，各国除制定相应的标准外，还通过立法形式制定有关的技术法规，限定产品的市场准入。这样就不仅要研究产品的标准，还要研究分析各国的法规，才能使所检验的产品能顺利地进入市场。比如欧盟从 1996年开始实施电磁兼容指令，要求进入欧盟市场的产品要符合 EMC 的要求。在此情况下，就要研究 EMC 检验技术，正确地理解 EMC 标准，正确地评价具体产品的符合程度。为了保护地球大气臭氧层，根据蒙特利尔协定，各国要淘汰制冷器具中使用的 CFC。欧盟于 1987 年开始在电冰箱中禁用 R11 和 R12 制冷剂，德国又提早于 2000 年 1 月 1 日起在空调器中禁用R22 制冷剂，环境保护法规亦对检验技术提出了新的要求。

家用电器市场的高度竞争性，促使家用电器制造商不断地将新技术应用于产品上，以期增强产品的市场竞争能力。制造商也不断地开发出新的产品，以满足消费者不断增长的需要。如电子变频技术应用于传统的空调器上产生了变频空调器，如何确定变频空调器的额定负载点就成为要研究的新问题。

近几年内家用电器技术发展将集中在下面几个方面：

1）将电子与控制技术应用于传统的"强电"类产品。

2）将互联网络技术应用于家用电器产品。

3）EMC 研究。

4）CFC 替代研究。

5）能效标签。

6）产品可靠性。

针对家用电器技术的发展，生产厂家和检测人员必须不断研究新的应用技术、新的标准和新的测试方法，才能使检验工作满足家用电器不断发展的需要。

1.1.3 家用电器产品分类

1. 按颜色分类

目前国际上根据家用电器产品的惯用颜色把家用电器产品分为白色家电、灰色家电和黑色家电三大类。其中：

白色家电：电器外壳常用白颜色，主要是指 GB 4706（IEC 60335）系列标准规定的电器产品，如洗衣机、电冰箱、空调器、电风扇等，一般由市电供电工作。

灰色家电：电器外壳常用灰颜色，主要指由 GB 4943.1—2011（IEC 60950）标准规定的办公电器产品，如计算机、传真机等。

黑色家电：电器外壳常用黑颜色，主要指由 GB 8898—2011（IEC 60065）标准规定的电子电器产品，如电视机、音响、VCD 等产品。

2. 按消费者使用习惯分类

通风器具：如电风扇和吸油烟机等。

取暖器具：如室内加热器等。

制冷器具：如电冰箱、空调器、压缩机和饮水机等。

厨房器具：如电饭锅、电灶和微波炉等。

美容器具：如电吹风、卷发器、蒸面器和电动剃须刀等。

保健器具：如按摩器和电动牙刷等。

清洁器具：如吸尘器和地板洗涤器等。

其他器具：如电烙铁等。

3. 按家用电器安装方式分类

驻立式器具：固定式或非便携式器具，如空调器、抽油烟机、换气扇和吊扇等。

固定式器具：紧固在一个支架上或在一个特定位置使用的器具，如电冰箱、洗衣机和电灶等。

嵌装式器具：打算安装在厨柜内、墙中预留的壁柜内或类似位置的固定式器具，如吸顶式空调器和换气扇等。

便携式器具：工作时可以移动或者连接电源时能容易地从一处移到另一处的器具，如室内加热器和电饭锅等。

手持式器具：在正常使用期间用手握持的便携式器具，如电吹风、电推剪等。

4. 按家用电器主要功能分类

电动式器具：装有驱动用电动机而不带电热元件的器具，如洗衣机和电动按摩器等。

电热式器具：装有电热元件而不带电动机的器具，如电热毯和电水壶等。

组合式器具：同时装有电动机和电热元件的器具，如风扇加热器、暖风机和饮水机等。

5. 按器具防水等级分类

普通型器具：主要指只经受湿热试验考核的电器。

防滴型（IPX1）器具：指外壳结构具有防止垂直滴水对器具造成有害影响的功能的器具。

防淋型（IPX3）器具：指外壳结构具有防止与器具成 60°淋水对器具造成有害影响能力的器具。

防溅型（IPX4）器具：指外壳结构具有防止任意方向溅水对器具造成有害影响的功能的器具。

水密型器具：指可用于水中工作的器具，它的外壳结构能承受水压的影响。

器具的防水等级一般由器具标准规定。

6. 按家用电器工作时间分类

连续工作器具：指无限期地在正常负载或充分放热条件下进行工作的器具，如吊扇和空调器等。

短时工作器具：指在正常负载或充分放热条件下，从冷态开始按一特定周期工作的器具。在每个工作周期的间隔时间要足以使器具冷却到近似室温，如电吹风等。

断续工作器具：指在一系列特定相同周期工作的器具，每个周期包括在正常负载下或充分放热条件下的一段工作时间和随后让器具空转或关闭的一段时间，如洗衣机等。

7. 按防触电保护分类

0 类器具：指仅依赖基本绝缘防电击的器具。该器具没有将导电的易触及部件（如果有的话）连接到固定配电线路中的接地保护导体。万一该基本绝缘失效，电击防护则依赖使用时的环境条件。

0 Ⅰ 类器具：指具有基本绝缘并带有接地端子的器具，但电源线不带接地导线，插头也无接地接点。

Ⅰ 类器具：指电击防护不仅依靠基本绝缘，而且包括附加安全防护措施的器具。器具易触及的导电部件已连接到固定配电线路中的接地保护导体上。

Ⅱ 类器具：指电击防护不仅依靠基本绝缘，而且提供如双重绝缘或加强绝缘那样的附加安全防护措施的器具，该器具没有保护接地或依赖安装条件的措施。

Ⅱ 类结构器具：指器具的某部分结构具有双重绝缘或加强绝缘来提供对电击的防护，但器具不属 Ⅱ 类器具。

Ⅲ 类器具：指电击防护是依靠安全特低电压电源供电的器具，且其内部任何部位不产生比安全特低电压高的电压。

Ⅲ 类结构器具：器具的部分结构具有的电击防护是依靠安全特低电压，但器具不属Ⅲ类器具。

1.1.4　单元划分

单元即申请单元，我国强制认证实施规则规定一次认证是指对一个申请单元进行认证。进行合理的单元划分可为厂家减少认证工作量和厂家承担的认证费用。

申请单元划分的原则见表1-1。厂家应尽量让不同型号的产品属于同一单元，减少认证的费用和工作量。如一个洗衣机厂，可生产相同产品类型和防触电结构，同一规格而外形、功能、材质或控制方式有差别的不同型号洗衣机，即只需要进行一次认证就可以用不同型号满足市场需求。

表1-1　申请单元划分的原则

产 品 类 别	申请单元划分原则
家用电冰箱和食品冷冻箱类	按型式（制冷方式）、产品类型、结构及额定输入电流等划分申请单元
电风扇类	按产品类型、结构、电机额定功率等划分申请单元

（续）

产　品　类　别	申请单元划分原则
空调器类	按产品类型、结构、压缩机规格等划分申请单元
电动机-压缩机类	按型式、应用类型、电机的技术参数等划分申请单元
家用电动洗衣机类	按产品类型、结构、规格等划分申请单元
电热水器类－储水式热水器	按型式、结构、规格（功率）等划分申请单元
室内加热器类	按型式、结构、规格（功率范围）等划分申请单元
真空吸尘器类	按型式、结构、规格（功率范围）等划分申请单元
皮肤和毛发护理器具类	按型式、结构及电机类型等划分申请单元
电热水器类－快热式热水器	按型式、结构、规格（功率范围）等划分申请单元
电熨斗类	按型式、结构、规格（功率范围）等划分申请单元
电磁灶类	按型式、结构、规格（功率范围）等划分申请单元
电烤箱（便携式烤架、面包片烘烤器及类似烹调器具）类	按产品类别、结构、规格（功率范围）等划分申请单元
电动食品加工器具（食品加工机（厨房机械））类	按产品类别、结构、规格（功率）等划分申请单元
微波炉类	按型式、结构、规格等划分申请单元
液体加热器类	按产品类别、结构、规格（功率范围）等划分申请单元
电灶、灶台、烤炉和类似器具（驻立式电烤箱、固定式烤架及类似烹调器具）类	按产品类别、结构、规格（功率范围）等划分申请单元 电灶、灶台、烤炉应划为不同的申请单元
吸油烟机类	按型式、结构等划分申请单元
电饭锅类	按产品类别、结构、规格（功率范围）等划分申请单元
冷热饮水机类	按型式、结构、规格（功率范围）等划分申请单元

1.2　认证申请

1.2.1　强制认证的申请程序及方法

各认证机构根据各自的特点，制定不同的认证程序，其中我国 3C 认证流程图如图 1-1 所示。

工厂保证其生产过程能确保产品满足要求后，做一致性声明（见附件 1）目前中国质量认证中心受理 3C 认证申请是通过网络在线和书面两种方式（主要以网络在线为主，附件 2 是某电器书面申请 3C 认证申请书样本，附件 3 是某电器 3C 认证产品变更书面申请书样本）；在线申请（第一次）时需要在网站上 www.cqc.com.cn 注册用户，成为合法用户。注册时，需要详细填写用户信息，这样可以简化以后再次申请所填信息；注册成功后网络将自动提供申请人所需认证有关公开性文件、申请指南、其他资料信息。

填写强制认证申请先要搞清楚是新申请还是产品变更申请，这两者在认证费用、认证时间方面差别很大，资料准备也不一样。如果是第一次申请，当然是新申请，如果以前企业做

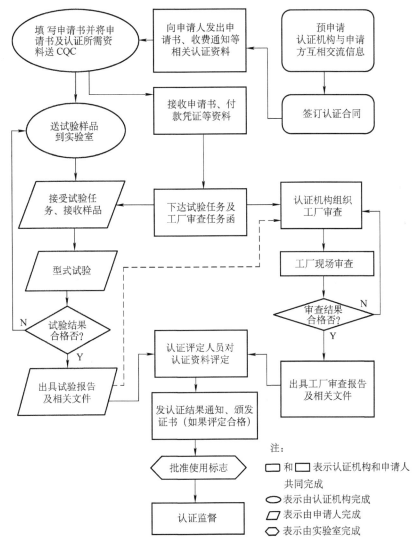

图 1-1 3C 认证流程图

过相应的产品认证，只要不是全新产品，一般用产品变更申请。

填写 3C 认证新申请书一般有选择产品类别、选择产品小类、填写认证申请基本信息和填写申请书附加信息四个步骤。

1. 选择产品类别

中国质量认证中心从事 3C 认证的业务范围见表 1-2，在填写申请时，首先要清楚申请认证的产品属于哪一类，根据产品的类别，会被相应的产品处室的认证工程师所受理。

2. 选择产品小类

选择大类后，单击"下一步"，要求选择产品小类。每一大类有很多种产品小类，如家用和类似用途设备大类，就有家用电冰箱、食品冷冻箱、电风扇和空调器等多种类型。每一类型其检验标准不同，需要提交的文件清单不同，需提交的样品数量以及产品的各附件也不同，这些均可以选定产品小类后在网上查询。

表1-2　CQC从事3C认证的业务范围

序号	类　　别	序号	类　　别
1	(01)电线电缆	10	(10)照明设备(不包括电压低于36V的照明设备)
2	(02)电路开关及保护或连接用电器装置	11	(11)机动车辆及安全附件
3	(03)低压电器	12	(12)机动车辆轮胎
4	(04)小功率电动机	13	(13)安全玻璃
5	(05)电动工具	14	(16)电信终端设备
6	(06)电焊机	15	(17)医疗器械产品
7	(07)家用和类似用途设备	16	(19)安全技术防范产品
8	(08)音视频设备类(不包括广播级音响设备和汽车音响设备)	17	(21)装饰装修产品
9	(09)信息技术设备	18	(22)玩具类产品

3. 填写认证申请基本信息

包括申请人（指法人）相关信息、代理机构相关信息、制造商相关信息、生产厂相关信息、申请认证产品相关信息等，要求用中、英两种文字填写申请人、制造商、生产厂和认证产品的名称、型号规格等。

4. 填写申请书附加信息

需填写申请认证产品所遵照的国家标准的标准号、说明申请认证的产品是否有CB测试证书（如果有，给出CB测试证书的编号和获证日期）、说明生产厂是否有同类产品获得过3C证书、CCEE证书或CCIB证书（如果有，请列出证书编号）。

认证申请是与认证机构接触的第一步，也是认证的关键一步，要让认证机构通过认证申请能对申请产品认证企业以及认证产品的基本情况有大概的了解，为后续工作的顺利进行打下基础。在填写申请书时要注意以下几点：

1）3C证书是根据需要来选择中文或英文版本的，因此需要用正确的简体中文或英文填写申请书；国内申请人需要英文的认证证书，境外申请人需要中文的认证证书时，要求申请人准确翻译有关内容。

2）申请人同时申请3C+CB或CQC+CB认证时，只要在CQC网络上选择3C+CB或CQC+CB，即可同时提交两份申请书。申请CB时需注意填写翻译准确的英文信息。

3）请认真阅读各类产品的划分单元原则和指南，以保证在一个申请中申请多个型号规格产品时，这些型号为同一个申请单元。

4）在一个申请中，一个型号规格产品具有多个商标或多个型号规格产品具有多个商标时，应注意确保这些商标已注册过或经过商标持有人的授权。

5）在申请多功能产品时，确定产品的类别时应以产品的主要功能的检测标准来确定。

6）初次申请：由于初次申请需要进行工厂审查，因此填写申请书时应选择"首次申请"，在备注栏中注明需要进行初次工厂审查和希望工厂审查的时间。

7）再次申请：再次申请时不需要进行工厂审查，因此填写申请书时应选择"再次申请"，在工厂编号栏中填上相应的编号。

8）变更申请：变更申请是在获证基础上对产品进行改变，因此填写申请书时应填写原证书编号，获得新证书时需要退回原证书。

9）派生产品申请：派生产品与已获证产品为同系列的、同一安全单元的产品。填写申请书时，应注意在备注栏中填写与原产品的差异，这尤为重要，这样可以有助于判断是否需要送样进行型式试验。

申请信息中填写的申请人、制造商、生产厂名称应填写法人名称，不应填写个人名称。

对于书面申请的，中国质量认证中心收到申请人提交的3C认证书面申请书后，将相应申请信息（厂家+产品）录入到CQC网站上，将用户名和密码告知申请人，并将网上的电子版本的认证有关公开性文件、申请指南、其他资料信息等转化成纸面形式传真或通过其他媒质通知给申请人。申请人填写3C认证书面申请书也应注意上述问题。

申请人填写完申请信息后，根据产品的类别，就会被相应的产品处室的认证工程师所受理，该申请就会被赋予一个唯一的申请编号，即表示中国质量认证中心正式受理该申请，在该申请获证之前，申请人应及时、经常地进入自己的用户内查询该申请代码，可以了解到该申请的全部信息和进程。申请人书面申请书提交后，产品认证工程师受理后会将相应的申请编号通知申请人。新申请获得唯一的申请编号后，产品认证工程师通过网络会在申请人的注册用户内发给申请人一个该申请的"产品评价活动计划"，此项内容包括从提交申请到获证全过程的申请流程情况：

1）申请认证所需提交的资料（申请人、生产厂和产品等相关资料）。

2）申请认证所需提供的检测样品型号和数量，以及送交到的检测机构。

3）认证机构进行资料审查及单元划分工作时间。

4）样品检测依据的标准、预计的检测周期。

5）预计安排初次工厂审查时间，根据工厂规模制订的工厂审查所需的人员和天数。

6）样品测试报告的合格评定及颁发证书的工作时间。

7）预计的认证费用：申请费、批准与注册费、测试费（包括整机测试、随机安全零部件测试）和工厂审查费。

申请人按照"产品评价活动计划"规定，提交技术资料和样品时应注意以下几点：

1）多个型号规格产品申请时，应提供各型号规格产品的差异说明，样机应是具有代表性的型号，应覆盖到全部的型号规格，但也要避免送样型号重复。

2）需要进行整机和元器件随机试验时，除整机外还需提供元器件的技术资料和样品。

3）派生产品申请时，应提供与原型机之间的差异说明，必要时提供原型机的试验测试数据。

4）境外工厂需要初次工厂审查时，应填写"非常规工厂审查表"，提供产品描述，产品描述经实验室确认后，即可在型式试验阶段进行工厂审查。

5）变更申请应将变更申请书与原证书一同退回。

实验室验收样机，若样机验收合格，申请人应索取"合格样品收样回执"，以便进行试验周期是否超期的查询；若样机不符合要求，实验室将"样品问题报告"发给申请人。申请人整改后重新补充送样，验收合格后实验室发给申请人"收样回执"。

认证工程师收到寄送的申请资料，经审核合格，并获知样品已送到指定实验室后，向实验室下达检测任务。样机的检测周期进入到倒计时阶段。样机在进行检测过程中，若出现可整改的不合格项，实验室填写"产品检测整改通知"，描述不合格的问题，确定整改的时限，同时向申请人发出"产品整改措施反馈表"，由申请人在落实整改措施后填写并返回检测机构。实验室对申请人提交的整改样品、相关文件资料和填写好的"产品整改措施反馈表"进行核查和确认，并对原不合格项目及相关项目进行复检。复检合格后，检测机构继续进行检测。只有当全部不合格项整改合格，检测周期才重新开始计时。

检验合格后，实验室出具试验报告及相关文件。在认证机构下达检验任务后，认证机构将组织专家进行工厂现场审查，了解企业的质量保证能力。因为实验室仅对企业的样品进行了检验，故工厂审查的重点是批量产品与样品的一致性。

申请人应及时登录网站 www. cqc. com. cn 了解申请的信息及进程。申请人应配合认证工程师的工作，及时提交所需的认证资料和样品，申请过程中，遇到问题时应与认证工程师联系。

对于以书面方式申请的，认证工程师也会将有关信息转化成纸面形式通过传真或其他媒质通知到申请人。

1.2.2 强制认证证书及标志的使用

1. 认证证书及标志

当试验报告及相关文件和工厂审查报告及相关文件出具后，认证评定人员对认证资料进行评定，评定合格后发认证结果通知、颁发证书，并批准使用认证标志，图 1-2a 是 3C 认证中文证书，图 1-2b 是 3C 认证英文证书。

a) 中文证书　　　　　　　　　　　b) 英文证书

图 1-2　3C 认证中英文证书

各认证标志均有其严格的式样，必须遵照规定使用。图 1-3 是国外几种常用的认证标志图案。图 1-4a 是 3C 认证中产品只包含安全性检验的认证标志图案，图 1-4b 是 3C 认证中包含安全性检验和电磁兼容性检验的认证标志图案，在认证标志基本图案的右部印制认证种类标注，证明产品所获得的认证种类，认证种类标注由代表认证种类的英文单词的缩写字母组成，如图 1-4 中的"S"代表安全认证，"E"代表电磁兼容认证。国家认证认可监督管理委员会根据认证工作需要制定和发布有关认证种类标注。

UL标志
北美安全认证标志

CSA认证标志
加拿大安全认证标志

RMC标志
澳洲安全认证标志

GS标志
德国安全认证标志

PSE标志
日本安全认证标志

CE标志
欧盟安全认证标志

KTL标志
韩国安全认证标志

NF标志
法国安全认证标志

SABS标志
南非安全认证标志

图1-3 国外几种常用的认证标志图案

2. 认证标志的使用

认证标志分为标准规格认证标志和非标准规格认证标志。非标准规格认证标志的规格虽然与标准规定的不同，但必须与标准规格认证标志的尺寸成线性比例。认证标志的颜色是国家认证认可监督管理委员会统一印制的标准规格，为白色底版、黑色图案；如采用印刷、模压、模制、丝印、喷漆、蚀刻、雕刻、烙印、打戳等方式在产品或产品铭牌上加施认证标志，其底版和图案颜色可根据产品外观或铭牌总体设计情况合理选用。

a) 3C安全认证标志

b) 3C安全与电磁兼容认证标志

图1-4 3C认证标志

获得认证的产品使用认证标志的方式可以根据产品特点按以下规定选取：

1）统一印制的标准规格认证标志，必须加施在获得认证产品外体规定的位置上。

2）印刷、模压认证标志的，该认证标志应当被印刷、模压在铭牌或产品外体的明显位置上。

3）在相关获得认证产品的本体上不能加施认证标志的，其认证标志必须加施在产品的最小包装上及随附文件中。

4）获得认证的特殊产品不能按以上各款规定加施认证标志的，必须在产品本体上印刷或者模压"中国强制性产品认证"标志的特殊式样。

5）获得认证的产品可以在产品外包装上加施认证标志。

6）在境外生产、并获得认证的产品必须在进口前加施认证标志；在境内生产、并获得认证的产品必须在出厂前加施认证标志。

3. 认证标志的使用申请

统一印制的标准规格认证标志的制作由国家认证认可监督管理委员会指定的印制机构承担。使用单位必须向指定机构购买,附件4是购买3C标志申请书样本。

认证标志也可用印刷/模压的方式,认证标志的印刷、模压设计方案应当由认证标志的申请人(以下简称为申请人)向国家认证认可监督管理委员会指定的机构(以下简称为指定的机构)提出申请(附件5是3C标志印刷/模压申请书样本),经国家认证认可监督管理委员会审批后,方可自行制作。

申请时注意:

1)申请人必须持申请书和认证证书的副本向指定的机构申请使用认证标志;申请人委托他人申请使用认证标志的,受委托人必须持申请人的委托书、申请书和认证证书的副本向指定的机构申请使用认证标志。

2)申请人以函件或者电讯方式申请使用认证标志的,必须向指定的机构提供申请书和认证证书副本的书面或者电子文本,申请使用认证标志。

3)申请人申请使用认证标志,应当按照国家规定缴纳统一印制的标准规格认证标志的工本费或者模压、印刷认证标志的监督管理费。

4)统一印制的标准规格认证标志由指定的机构发放。

4. 认证标志的监督管理

国家认证认可监督管理委员会对认证标志的制作、发放和使用实施统一的监督、管理。各地质检行政部门根据职责负责对所辖地区认证标志的使用实施监督检查。指定认证机构对其发证产品的认证标志的使用实施监督检查。受委托的国外检查机构对受委托的获得认证的产品上的认证标志的使用实施监督检查。

指定认证机构和指定的机构有义务向申请人告知认证标志的管理规定,指导申请人按规定使用认证标志。

申请人应当遵守以下规定:

1)建立认证标志的使用和管理制度,对认证标志的使用情况如实记录和存档。

2)保证使用认证标志的产品符合认证要求。

3)对超过认证有效期的产品,不得使用认证标志。

4)在广告、产品介绍等宣传材料中正确地使用认证标志,不得利用认证标志误导、欺诈消费者。

5)接受国家认证认可监督管理委员会、各地质检行政部门和指定认证机构对认证标志使用情况的监督检查。

经国家认证认可监督管理委员会指定的认证机构、检测机构及检查机构可以在其业务及广告宣传中正确地使用认证标志,不得利用认证标志误导、欺诈消费者。

承担统一印制的标准规格认证标志制作工作的企业必须对认证标志的印制技术和防伪技术承担保密义务,未经国家认证认可监督管理委员会的授权,不得向任何机构或个人提供统一印制的标准规格认证标志和印制工具。

认证有效期内的产品不符合认证要求,指定认证机构应当责令申请人限期纠正,在纠正期限内不得使用认证标志。

伪造、变造、盗用、冒用、买卖和转让认证标志以及其他违反认证标志管理规定的,按照国家有关法律法规的规定，予以行政处罚；触犯刑律的，依法追究其刑事责任。

指定认证机构和指定的机构及其工作人员不履行职责或者滥用职权的，按有关规定予以处理。

习　题

一、思考题

1. 怎么判断所生产的产品需要进行强制认证？

2. 为什么各国都推出强制认证？

3. 申请强制认证前要做哪些准备工作？

4. 为什么要进行工厂现场审查？工厂现场审查的主要目的是什么？

5. 家用电器的标准分几级？每一级的关系怎样？

6. 试判断洗衣机、空调器、电视机、电饭锅按照家用电器的分类方式各属于七大类中的哪一类。

7. 国内的产品强制认证一般需要多长时间？

8. 国内的强制认证在哪里申请？

9. 强制认证的费用有哪些？

10. 国内的强制认证有哪些步骤？

11. 3C 认证网上申请有几个步骤？各有什么内容？

12. 3C 标志中的"S""E"各代表什么内容？

13. 3C 认证标志是否可以自己印刷？需要什么手续？

14. 首次申请、再次申请、变更申请有什么不同？

15. 企业生产的新产品在强制认证时需要做完整的型式试验吗？为什么？

16. 试判断洗衣机、空调器、电视机、电饭锅属于产品类别的哪一大类？

17. 产品强制认证的申请人与联系人可以是同一个人吗？

18. 产品认证申请书与试验样品是送达同一个地方吗？

19. 认证标志由哪个部门进行监督管理？

20. 认证产品在样品检验过程中发现问题怎么办？

21. 工厂审查的重点是什么？

22. 电冰箱通常被判定为驻立式器具，那么在电冰箱底部加上四个滚轮后，属于哪类器具呢？

二、实操题

1. 在网上新申请一个电器的 3C 认证。

2. 在网上做一个电器变更申请。

3. 填写一份购买 3C 标志申请。

4. 填写一份 3C 标志印刷/模压申请。

5. 查询周围的所有电风扇，将其按单元划分。

附件1 产品一致性声明

一致性声明
DECLARATION OF CONSISTENCY

我（制造商名称）＿＿＿×× 电器有限公司＿＿＿＿＿＿＿＿＿＿＿＿＿＿声明：
（生产厂名称）＿＿×× 电器有限公司＿＿＿ 生产的（详细填写产品类别及产品名称）
＿＿＿＿＿＿＿ 家用和类似用途设备类全自动洗衣机产品 ＿＿＿＿＿＿＿ 符合如下要求：

　　a）中华人民共和国国家标准：GB 4706.1、GB 4706.24、GB 4706.26 ＿＿＿＿＿ ；

　　b）其他相关标准或规定：＿＿＿＿＿＿＿＿＿＿＿＿＿＿＿＿＿＿＿＿＿＿＿ ；

我公司对提供所有与认证有关资料的真实性负责，并保证所生产的获证产品与提供型式试验的样品完全一致。如果获证产品发生变更，将及时提交产品变更报告。

我公司对违反上述声明导致的后果承担全部法律责任。

We（manufacturer's name）
＿＿＿× × Electrical Appliance Limited Company＿＿＿＿＿＿＿＿＿＿＿＿declare
that the manufactured product（detail description of product includes name and type/model）＿＿＿
household and similar electrical appliances，auto-washing machine＿＿＿＿produce at（factory's
name and address）
＿＿＿× × Electrical Appliance Limited Company＿＿＿＿＿＿＿＿＿＿＿＿is in
conformity with：

　　a）GB standards ＿＿＿ GB 4706.1、GB 4706.24、GB 4706.26 ＿＿＿＿＿＿
＿＿＿ ；

　　b）other standards and/or provisions ＿＿＿＿＿＿＿＿＿＿＿＿＿＿＿＿＿＿ ；

We will take responsibility for the authenticity of all the submitted documents for the certification and will guarantee the consistency of test sample with all other certified products. Any modification of the certified product will be reported.

We will take all the legal responsibility for the infringement of the above declaration.

＿＿2008 年于广州＿＿　　　　　　　　　　　＿＿＿吴军＿＿＿
（签署时间及地点）　　　　　　　　　　　（制造商负责人签名、盖章）
（Place & Date of issue）　　　　　　　　　（Manufacturer's name & Signature）

附件2 3C认证申请书

3C 认证申请书

CQC/QPCP01.01(1/3)

申请编号:
Application No:

生产厂编号:
Factory No:

CCC 认证申请书

Application for the CCC Certification

首次申请 ■　　　　　　　　再次申请 □

First Application　　　　　　　Second Application

申请日期/Date：2008 年 3 月 6 日

产品类别/Product sort:
家用和类似用途设备

中国质量认证中心
China Quality Certification Centre

1. 申请人/Applicant：

1.1 申请人名称/Name of Applicant：××电器有限公司

1.2 付款人名称及地址/Invoice Address：××电器有限公司

1.3 申请人地址、邮编/Address and postal code of Applicant：广东省广州市白云区××路××号 邮编：510515

1.4 联系人/Person to be contacted：白云

1.5 电话/Telephone：133800 *****　　　　1.6 传真/Fax：020-87 ******

1.7 电子邮件/E-mail：********

2. 代理机构或中国办事处/Agent or office in China：

2.1 代理机构或中国办事处名称/Name of Agent or office in China：

2.2 CCC代理申办机构注册证书号/Register Number of CCC Agent：

2.3 代理机构或中国办事处地址、邮编/Address and postal code of Agent or office in China：

2.4 联系人/Person to be contacted：

2.5 电话/Telephone：　　　　2.6 传真/Fax：

2.7 电子邮件/E-mail：

3. 制造商/Manufacturer where the equipment is produced：

3.1 制造商名称/Name of Manufacturer：××电器有限公司

3.2 制造商地址/Address of Manufacturer：广东省广州市白云区××路××号 邮编：510515

3.3 联系人/Person to be contacted：白云

3.4 电话/Telephone：133800 *****　　　　3.5 传真/Fax：020-87 ******

3.6 电子邮件/E-mail：********

4. 制造厂/Factory where the equipment is produced：

4.1 制造厂名称/Name of factory：××电器有限公司

4.2 制造厂地址、邮编/Address and postal code of factory：广东省广州市白云区××路××号 邮编：510515

4.3 联系人/Person to be contacted：白云

4.4 电话/Telephone：133800 *****　　　　4.5 传真/Fax：020-87 ******

4.6 电子邮件/E-mail：********

5. 产品名称/Name of the equipment：全自动洗衣机

6. 产品商标/Trade mark of the equipment：黑土

7. 型号和规格/Model and specification：XQB40-16

8. 申请认证产品的GB标准号/Number of the GB standard for the equipment to be certified：

8.1 安全标准/Standard for Safety：GB 4706.1、GB 4706.24、GB 4706.26

8.2 EMC标准/Standard for EMC（如有/If applicable）：GB 4343、GB 17625.1

9. 申请认证的产品是否有CB测试证书/Has the applying equipment been awarded the CB Test Certificate：

是/Yes ☐　　　　　　否/No 否

如果有，给出 CB 测试证书的编号和获证日期/If "Yes", give the number and date of the CB Test Certificate：

　　a. CB 证书号/No. of CB Certificate：_____

　　b. 获证日期/Issued Date：_____

　　c. 颁发 CB 测试证书的认证机构/Name of the NCB issuing the CB Test Certificate：_____

10. 申请 CCC 认证的同时，是否申请 CB 测试证书/ If to apply CB Certificate When apply CCC Certification：

是/Yes ☐　　　　　　否/No 否

11. 说明生产厂是否有同类产品获得过 CCC 证书、CCEE 证书或 CCIB 证书，如果有，请列出证书编号。Please indicate if the factory has ever obtained CCC or CCEE or CCIB certificates, if the answer is yes, then list the certificate No. ：_____

我们声明我们将遵守中国质量认证中心的认证规则和程序，支付认证所需的申请，试验，工厂审查及其他有关的费用；妥善保管型式试验报告、工厂检查报告和认证变更确认等认证的相关资料，以备监督检查使用；中国质量认证中心将不承担获得产品合格认证的制造厂或销售商应承担的任何法律责任。

We declare that we will follow the rules and procedures of the CQC and make payment for the fees arising from the application, testing, inspection and other services, keep well type test report, factory inspection report, materials approving for change of certified product and relevant documents of certification in order to conduct the factory follow up inspection. China Quality Certification Center shall not bear any corresponding legal liabilities which should be assumed by Manufacturer and Seller with product certificate.

授权人签章/Authorized signatory 　吴军

注：

1. 申请人应将申请书寄 CQC 有关产品处。

　　邮寄地址：中国北京南四环西路 188 号 9 区；邮编：100070

2. 请用中、英两种文字填写申请人、制造商、制造厂和认证产品的名称。

3. 有关 CQC 产品认证的公开文件可通过上网获取，网址是 http://WWW.CQC.COM.CN

4. 如果申请 CCC 认证，同时也申请 CB 测试证书，请填写完"申请人承诺"后，继续填写 CB 测试申请书。

5. CCC 认证与 CB 认证同时申请时，制造商必须相同。

6. CB 申请书以英文填写为准，相同的内容可以复制。

申请人承诺

1）始终遵守认证计划安排的有关规定；

2）为进行评价做出必要的安排，包括审查文件、进入所有的区域、查阅所有的记录（包括内部审核报告）和评价所需人员（例如检验、检查、评定、监督、复评）和解决投诉的有关规定；

3）仅在获准认证的范围内做出有关认证的声明；

4）在使用产品认证结果时，不得损害 CQC 的声誉、不得做使中国质量认证中心认为可能误导或未经授权的声明；

5）当证书被暂停或撤销时，应立即停止涉及认证内容的广告，并按 CQC 要求交回所有认证文件；

6）认证仅用于表明获准认证的产品符合特定标准；

7）确保不采用误导的方式使用或部分使用认证证书和报告；

8）在传播媒体中对产品认证内容的引用，应符合 CQC 的要求。

年　　月　　日

申请人授权签字：

附件3　3C认证产品变更申请书

产品认证变更申请书

变更申请号：　　　　　　申请编号：　　　　　　生产厂编号：

1. 申请人（公司名称）、地址、邮政编码：

××电器有限公司，广东省广州市白云区××路××号，510515

1.1　联系人：白云　　　　　　　　　　1.2　电话：133800 ****

1.3　传真：020-87 ******　　　　　　1.4　电子邮件：******

2. 付款人名称、地址：××电器有限公司，广东省广州市白云区××路××号，510515

3. 现申请产品的产品名称，型号：全自动洗衣机，XQB40-18

4. 生产厂名称、地址：××电器有限公司，广东省广州市白云区××路××号，510515

5. 原证书号：47061256

6. 原测试报告号：005-CG2006-1682

7. 变更类别：

□商标更改

□由于产品命名方法的变化引起的获证产品名称、型号更改。

■产品型号更改、内部结构不变（经判断不涉及安全和电磁兼容问题）。

□在证书上增加同种产品其他型号。

□在证书上减少同种产品其他型号。

□生产厂名称更改，地址不变，生产厂没有搬迁。

□生产厂名称更改，地址名称变化，生产厂没有搬迁。

□生产厂名称不变，地址名称更改，生产厂没有搬迁。

□生产厂搬迁。　　　　　　　□申请人名称更改。

□产品认证所依据的国家标准、技术规则或者认证实施细则发生了变化。

□明显影响产品的设计和规范发生了变化，如获证产品的安全件更换。

□生产厂的质量体系发生变化（例如所有权、组织机构或管理者发生了变化）。

□其他：

8. 变更登记表

变更内容	
变更前	变更后
XQB40-16	XQB40-18
认证工程师意见：	

申请人签字：白云　　　　　　　　日期：2008年3月7日

附件4 购买3C标志申请书

购买标志申请书

Application Form for Purchasing Mark

申请人 Applicant	××电器有限公司				
地址/邮编 Address/Postal Code	广东省广州市白云区××路××号,510515				
标志使用范围 Using Scope of the Marks	■已获证 证书编号 Certificate No. 47061256 □其他说明 Remark				
产品名称 Name of Product	全自动洗衣机				
产品型号 Model	XQB40-16				
发货方式 Delivery	□ 自取 Taken by Applicant ■ 邮寄 by Post				
申购日期 Date of Application	2008 年 3 月 6 日				
申购型号 Model of Mark	□ CQC 通用	□ 安全 S	□ 电磁兼容 EMC	■安全和电磁兼容 S&E	□ 性能 P
	□ 节能 ES	□ ROHS	□生态纺织品产品安全	□ 质量环保	□ 农食产品
	□ GAP 一级	□ GAP 二级	□ 有机产品	□ 有机转换	□ 饲料产品
申购数量（枚） Quantity	10mm	20mm	30mm	45mm	60mm
	10000		6000		
联系人 Contact Person	白云				
电话 Tel	133800 *****		传真 Fax	020-87 ******	
付款方式 Payment	现金/支票（附财务发票复印件） Cash/Check（Copy of invoice attached） 已付（附付款证明复印件）Paid（Copy of remittance attach） 其他说明 Remark				
公司盖章/授权人签字 Seal of Company/Signature of Authorized Person	吴军				

注：如代理人购买，还须附申请人的委托书。

Note：In the case of agent purchasing, power of attorney of the applicant is needed.

附件5 3C标志印刷/模压申请书

印刷/模压标志申请书

Application Form for Printing/Impressing Mark

申请人 Applicant	××电器有限公司	
生产厂 Factory	××电器有限公司	
工厂编号 Factory Code	2008012687	
证书编号 Certification No.	47061256	
产品名称 Name of Product	全自动洗衣机	
产品型号 Model	XQB40-16	
联系人 Contact Person	白云	
地址/邮编 Address/Postal Code	广东省广州市白云区××路××号,510515	
电话 Tel	133800 *****	
传真 Fax	020-87 ******	
申请日期 Date of Application	2008 年 3 月 7 日	
公司盖章/授权人签字 Seal of Company/Signature of Authorized Person	吴军	

注：如代理人购买，还须附申请人的委托书。Note：In the case of agent purchasing, power of attorney of the applicant is needed.

制作方式：■印刷、□模压、□其他。

标志使用位置：□产品本体、■包装箱、□其他。

附件：证书复印件，设计图形（铭牌等）。

第2章 基本信息检验

知识点

- 强制认证基本术语
- 产品安全设计常识
- 产品标识检验规定

难点

- 各类器具的判断

学习目标

掌握：
- 各种绝缘的区别
- 各类器具的区别
- 电源线的连接
- 产品标识标注的检验

了解：
- 产品的安全设计原则

2.1 基本术语

1. 基本绝缘（basic insulation）

施加于带电部件对电击提供基本防护的绝缘。

2. 附加绝缘（supplementary insulation）

万一基本绝缘失效，为了对电击提供防护，而对基本绝缘另外施加的独立绝缘。

3. 双重绝缘（double insulation）

由基本绝缘和附加绝缘构成的绝缘系统。

图2-1是电源线的截面图，是最简单的双重绝缘系统。

4. 加强绝缘（reinforced insulation）

提供与双重绝缘等效的防电击等级，而施加于带电部件的单一绝缘。图2-2也是电缆的

28

截面图，图 2-2a 是有两层绝缘组成的加强绝缘系统，图 2-2b 是由一层绝缘组成的加强绝缘系统。图 2-2a 与图 2-1 的区别是它的每一层绝缘不像附加绝缘或基本绝缘那样能逐一地试验。

经验分享：上述四类绝缘在实践中需要区分清楚，一般初学者可以根据遵循两个思路去判定，既可以从定义出发，也可以从绝缘能力出发。

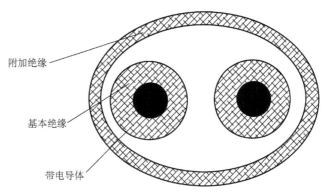

图 2-1　双重绝缘系统

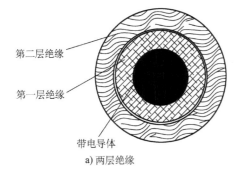

a) 两层绝缘

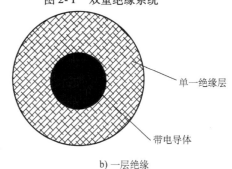

b) 一层绝缘

图 2-2　加强绝缘系统

（1）利用定义去判定：通常紧贴着带电部件，物理强度不是很高的绝缘材料是基本绝缘，如电源线里层贴着电源线导体的聚氯乙烯、导线的绝缘漆都是基本绝缘；与带电部件（导体）没有接触的是附加绝缘，如大部分的非金属外壳，电源线的外层护套；与带电部件接触但物理强度较大（一般要求厚度大于2mm）的是加强绝缘，如电源线插头附近的绝缘。

（2）依据绝缘能力进行评定：有时依据经验和定义不好判定，特别是基本绝缘和加强绝缘的判定，如某电器外壳为非金属，外壳判定为附加绝缘没有问题，但里层的绝缘材料物理强度足够大，工程人员无法对该绝缘是基本绝缘还是加强绝缘进行判定，这时可以依据绝缘能力进行判定。GB 4706.1 第 13 章 "电气强度" 部分对绝缘材料的绝缘能力进行了规定：基本绝缘（以额定电压为 200V 的电器为例）需要耐受 1000V 的电气强度试验，加强绝缘需要耐受 3000V 的电气强度试验。对从定义不容易判定的绝缘材料，可以从它能耐受多少伏电压的电气强度试验来进行判定。

5. 0 类器具（class 0 appliance）

电击防护依赖于基本绝缘的器具，万一该基本绝缘失效，电击防护则依赖于环境。这类电器主要用于人们接触不到的地方，如荧光灯的整流器等。

图 2-3 是 0 类器具的示意图，一旦基本绝缘失效，则因为电器悬挂较高（一般要求大于 2.4m，且顶棚与地绝缘），不会对正常活动的人员造成电击。

0 类器具有以下几个特点：

1）器具可以是直接接线到电源，也可以是用插头、插座。

2）器具的电源导线可以是基本绝缘的导线。

3）器具没有接地端子和接地导线。

4）使用说明书一般要求0类器具在比较干燥的使用场所或与地绝缘较好的场所使用，如木地板上等。

6. Ⅰ类器具（class Ⅰ appliance）

Ⅰ类器具的电击防护依靠基本绝缘加上保护性接地。图2-4是Ⅰ类器具的示意图。

图2-3　0类器具

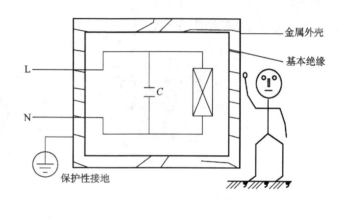

图2-4　Ⅰ类器具

Ⅰ类器具有以下几个特点：

1）器具的电源插头是三插。

2）器具外壳往往是金属外壳（或部分金属外壳）。

3）外壳有接地端子（在接地端子上有接地标志），器具内的带电部件的金属外壳均通过接地线连接到外壳的接地端子上。

4）器具中允许有双重绝缘和加强绝缘隔离的部件，也可以有特低安全电压供电的部件。

7. 0Ⅰ类器具（class 0Ⅰ appliance）

0Ⅰ类器具与Ⅰ类器具类似，区别在于其电源线不带接地导线，插头也无接地接点。

此类器具现在已经很少使用，仅少数国家还存在。中国早期的家电产品针对当时住宅没有正规的接地系统曾经有过0Ⅰ类的设计，其特点是电源插头是二插，接地线单独引出，接在单独的接线柱上，与Ⅰ类器具有相同的防护方式和效果。

8. Ⅱ类器具（class Ⅱ appliance）

Ⅱ类器具的电击防护不仅依靠基本绝缘，而且加上附加绝缘形成双重绝缘防护，或利用加强绝缘作为防护措施，如电视机、DVD等。图2-5a是具有一个基本连续的金属外壳，其内部各处均用加强绝缘与带电件隔离的Ⅱ类器具；图2-5b是具有一个基本连续的金属外壳，其内部各处均用双重绝缘或加强绝缘与带电件隔离的Ⅱ类器具；图2-5c所示的器具具有一个坚固耐久且基本连续的绝缘材料外壳，其外壳能将所有的带电体包围起来，外壳上的铭牌、螺钉和铆钉等金属小零件至少要用相当于加强绝缘的绝缘将其与带电体隔离；图2-5d所示的器具外壳部分是金属外壳，另一部分是绝缘材料外壳，其金属外壳内部应使用双重绝缘或加强绝缘，而绝缘材料外壳部分应将带电体完全包围起来。

Ⅱ类器具有以下几个特点：

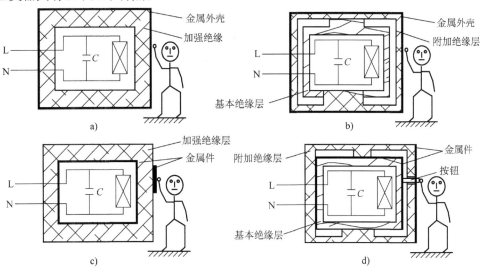

图 2-5　Ⅱ类器具

1）器具的插头是二插。

2）没有接地端子和接地导线。

3）器具的铭牌上有"回"字形符号。

4）器具使用双层绝缘的导线。

5）器具中不允许有Ⅰ类器具结构，即不允许有接地的部件。

6）对于不带接地端子或接地线的器具，如果器具的说明书中没有特别说明，从对使用者的安全角度考虑，应按Ⅱ类器具的要求对产品进行检验。

9. Ⅱ类结构（class Ⅱ construction）

器具的一部分，它依靠双重绝缘或加强绝缘来提供对电击的保护。

Ⅱ类结构一般出现在Ⅰ类器具或0Ⅰ类器具上，是器具中的电器零部件，由于不方便接地，则该零件对电击的保护依靠双重绝缘或加强绝缘。

10. Ⅲ类器具（class Ⅲ appliance）

其电击保护是依靠安全特低电压（≤42V）电源来供电，且其内部不会产生比安全特低电压高的电压，如笔记本式计算机和电动剃须刀等。

11. Ⅲ类结构（class Ⅲ construction）

器具的一部分，它的电击防护依靠安全特低电压，且其内部不会产生高于安全特低电压的电压。

Ⅲ类结构可以是Ⅰ类器具的一部分，也可以是Ⅱ类器具的一部分。

经验分享：对按防触电结构进行电器分类，初学者容易遇到的问题是对样品判定不明确。编者在实践中，常遇到中小企业检验人员提出疑问"说这是Ⅱ类电器吧，不完全符合标准要求；说它是Ⅰ类器具吧，也不完全符合标准要求"。

遇到这种问题，我们可以采用先判定、再整改的思路。依据"记0类、看电压判Ⅲ类、看插头判Ⅰ类，剩下是Ⅱ类"进行判定。具体如下：记住特定使用范围的0类器具；对其他器具先看额定电压是否小于安全特低电压，如是，判定为Ⅲ类；对非0类和Ⅲ类的器具看插头，如是三插插头，判定为Ⅰ类；非以上三种的判定为Ⅱ类。判定后，再依据定义对器具进行详细检验，对不符合标准要求的部分进行整改，使之完全符合标准要求。

以上判别经验适用于初学者，对特殊产品需进行详细分析，如下例。

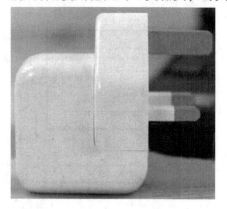

图2-6 港版 iPad 电源适配器

判别案例：苹果公司出品的港版 iPad 电源适配器如图2-6所示，该产品明显是三插插头，但在其电源适配器上有"回"字符，标明为Ⅱ类电器。

案例分析：这是近年全球性公司为节约成本采用的一种方法，电源适配器为分离式设计，大部分部件全球统一，区别在于接入电源部分。我们把该电源适配器拆开，会发现两部分之间只有两条线相连，底线并未真正接入电源适配器，故电源适配器为Ⅱ类电器的标注并未错。

12. 爬电距离（creepage distance）

带电部件之间或带电部件与可接触表面之间沿绝缘体表面的最短距离，如图2-7a 中虚线所示。

13. 电气间隙（clearance）

带电部件之间或带电部件与可接触表面之间的最短距离，如图2-7b 中虚线所示。

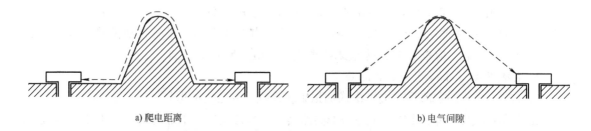

a) 爬电距离　　　　　　　　　　　　　b) 电气间隙

图2-7 爬电距离和电气间隙

14. 安全特低电压（safety extra-low voltage）

导线之间，以及导线与地之间不超42V 的电压，其空载电压不超过50V。

当安全特低电压从电网获得时，应通过一个安全隔离变压器或一个带分离绕组的转换器，此时安全隔离变压器和转换器的绝缘应符合双重绝缘或加强绝缘的要求。

注：这里规定的安全特低电压是假定此安全隔离变压器以它的额定电压供电为基础的。

15. 安全隔离变压器（safety isolating transformer）

向一个器具或电路提供安全特低电压，且至少用与双重绝缘或加强绝缘等效的绝缘将其输入绕组与输出绕组进行电气隔离的变压器。

16. 电源软线

固定到器具上，用于供电的软线，如图2-8所示。

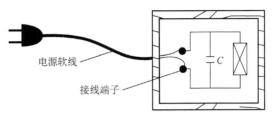

图 2-8　电源软件连接

经验分享：与电源软线相关的还有另外一个概念"互连软线"——不用作电源连接而作为完整器具的一部分提供的外部软线。很多初学者对互连软线无法理解，下面从电器器具使用的各种线缆出发进行分析。一般电器的导线含有两种作用：传能量、传信号。互连软线是指传能量的导线。电器的导线可根据分布情况分为内部线和外部线，互连软线在器具外部。那我们常见的电器外部用于传能量的不都是电源软线吗？绝大部分如此，但个别电器（特别是分体式电器）在外部也有用于传递能量的导线，这就是互连软线。如分体式空调器用于连接室外机和室内机的软线。

17. X 连接（type X attachment）

能够容易更换电源软线的连接方式。

因为电源软线一端是与插座连接的插头，另一端要与带电体连接，这种连接有各种不同的型式，标准对不同的连接型式有不同的要求。

X 连接的特点是：如果更换电源线不需要使用工具（如插拔），则是 X 连接；如果需要工具才能更换电源软线，则工具应是普通工具。

18. Y 连接（type Y attachment）

打算由制造厂、其服务机构或类似的具有资格的人员来更换电源软线连接方式。

Y 连接的特点是：必须使用特殊工具才能更换电源软线；在说明书上要说明必须由专业人员才能更换电源软线。

区分：Y 连接器具必须用特殊螺钉保护，如 H 形螺钉、倒三角螺钉等。

19. Z 连接（type Z attachment）

不打碎或不损坏器具就不能更换电源软线的连接方式。

Z 连接器具的电源软线一旦损坏，需连同器具一同报废。

经验分享：在进行电源软线连接方式判定的时候，初学者容易犯的错误是只看拆装器具外壳的螺钉，而忽略了外部线和内部线的连接方式。编者在实践中一般采用以下判定方式：如全密封（无法拆除电源线）的器具判定为 Z 连接；外壳有特殊螺钉或使用闭路端子（俗称奶嘴）连接电源线的为 Y 连接；使用普通螺钉和接线端子的判定为 X 连接。接线端子示意图如图 2-9 所示。闭路端子（奶嘴）示意图如图 2-10 所示。Z 连接示意图如图 2-11 所示。

20. 不可拆卸部件

只有借助工具才能取下或打开的部件或能完成 GB 4706.1 的 22.11 条试验的部件。

注：仅使用说明书或其他文字警告语要求用户不可拆卸的部件不必然被认定为不可拆卸部件。

21. 可拆卸部件

不借助工具就能取下或打开的部件；说明书中告知用户取下的部件（即需要工具取下）或不能完成 GB 4706.1 的 22.11 条试验的部件。安装时取下的部件除外。

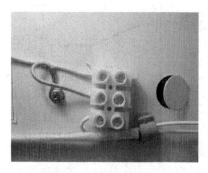
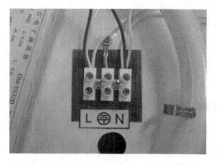

a) 错误做法：游离8mm导线接触到金属部件，接线端子未有标示

b) 正确做法：加有绝缘衬垫，接线端子有清晰的电源极性标示

图2-9　接线端子示意图（拆开后可还原，使用普通十字螺钉）

图2-10　闭路端子（奶嘴）示意图（拆开后无法还原，非家庭常见工具）

经验分享： 判别可拆卸部件和不可拆卸部件的目的是发现潜在危险。有些部件因为各种原因需要拆卸，但拆卸后可能引起机械危险或触电危险，这类部件必须做成不可拆卸部件。在进行电器的安全检验时，所有的可拆卸部件需全部拆除。

如图2-12所示，部分企业为了安装方便采用电风扇面板固定方式，用手很轻易能直接拆除。这类设计会让电风扇被使用者无意触碰后具有潜在机械危险，必须整改为不可拆卸部件作为网罩的固定方式。

图2-13a为电风扇转轴部件，部分厂家设计思路为加一个直径几厘米、可旋入的塑料圆盘。旋上去后，器具没任

图2-11　Z连接示意图（完全密封，除非破坏无法更换电源线）

何问题。但该旋转圆盘可轻易被使用者旋除，故被检验人员认定为可拆卸部件。该部件去除后露出里面的金属插销，进行防触电检验不合格，有潜在触电危险。正确的做法如图2-13b

所示，利用绝缘材料把金属部件全部隔离。

图 2-12　可拆卸部件固定的风扇网罩

a)　　　　　　　　　　　　　　　　b)

图 2-13　可拆卸与不可拆卸方式对比图

思考：现在大部分电磁炉的操作面板采用在电磁炉按钮面板贴一张塑料的方式。有人说这层塑料可以撕下来，并且撕下来后进行防触电检测不合格（这层塑料本身有绝缘和提示用户两层作用）。为什么检验人员认为它是合格的呢？

提示：从 GB 4706.1 的 22.11 条进行分析。

这个问题本身带给初学者一个提示：依据标准进行检验时，标准是前后关联的，并关联了很多其他的标准。只有进行全面学习，整体掌握后才能准确地开展检验和判定。

2.2　标注与说明检验

2.2.1　标注与说明相关检验标准

一些企业对产品的说明和标识标注重视不够，实质上产品的说明与标识标注在产品的质量方面占有很重的分量，国家质量监督部门对市场产品进行抽查所发现的不合格项目，很大一部分是标识标注不合格，而这些不合格企业一公布，对企业的打击往往是致命的。

说明与标识标注一般是指在产品、包装和说明书上所标识的文字、符号、数字、图案以及其他说明物等，对产品说明与标识标注进行检验，必须按照产品标准中的相关条例和国家质量技术监督局颁发的［1997］172 号令《产品标识标注规定》严格执行。

《产品标识标注规定》是对在我国市场上销售的产品的通用要求，主要包括以下内容：

1）除裸装食品和其他根据产品的特点难以附加标识的裸装产品外，产品应当具有标识。除产品使用说明外，产品标识应当标注在产品或者产品的销售包装上。

2）产品标识所用文字应当为规范中文。可以同时使用汉语拼音或者外文，汉语拼音和外文字号应当小于相应中文。产品标识使用的汉字、数字和字母，其字体高度不得小于1.8mm。

3）产品标识应当清晰、牢固，易于识别。

4）产品标识应当有产品名称。产品名称应当表明产品的真实属性，并符合国家标准、行业标准规定的名称。

5）产品标识应当有生产者的名称和地址。生产者的名称和地址应当是依法登记注册的，能承担产品质量责任的生产者的名称和地址。进口产品可以不标原生产者的名称、地址，但应当标明该产品的原产地（国家/地区），以及代理商或者进口商或者销售商在中国依法登记注册的名称和地址。进口产品的原产地，依据《中华人民共和国海关关于进口货物原产地的暂行规定》予以确定。

6）国内生产的合格产品应当附有产品质量检验合格证明。

7）国内生产并在国内销售的产品，应当标明企业所执行的国家标准、行业标准、地方标准或者经备案的企业标准的编号。

8）产品标识中使用的计量单位，应当是法定计量单位。

9）实行生产许可证管理的产品，应当标明有效的生产许可证标记和编号。

10）根据产品的特点和使用要求，需要标明产品的规格、等级、数量、净含量、所含主要成分的名称和含量以及其他技术要求的，应当相应予以标明。净含量的标注应当符合《定量包装商品计量监督规定》的要求。

11）限期使用的产品，应当标明生产日期和安全使用期或者失效日期。日期的表示方法应当符合国家标准规定或者采用"年、月、日"表示。生产日期和安全使用期或者失效日期应当印制在产品或者产品的销售包装上。

12）使用不当，容易造成产品本身损坏或者可能危及人体健康和人身、财产安全的产品，应当有警示标志或者中文警示说明。剧毒、放射性、危险、易碎、怕压、需要防潮、不能倒置以及有其他特殊要求的产品，其包装应当符合有关法律、法规和合同规定的要求，应当标注警示标志或者中文警示说明，标明储运注意事项。

13）性能、结构及使用方法复杂、不易安装使用的产品，应当根据该产品的国家标准、行业标准、地方标准的规定，配以详细的安装、维护及使用说明。

14）生产者标注的产品的产地是指产品的最终制作地、加工地或者组装地。产品形成后，又在异地进行辅助性加工的，产品的产地应当按照行政区划分的地域概念进行标注。

对产品说明与标识标注进行检验，按照认证检验规定，是根据标准要求逐条逐款进行检验判断，也是认识产品、收集产品信息的第一个步骤，对后续的检验有很大的影响。在标准中一般要求电器产品必须有额定值（电流或功率）及范围、型号规格、与电源的连接（X、Y、Z连接中的一种）、安装说明、电路图、警示（安全方面的考虑）等内容，并对标识牢固度的检验有明确规定，如 GB 4706.1 及 IEC 60335-1 的第7章都是对产品标注和说明的具体要求。

2.2.2 标注与说明常见不合格案例与整改

中小企业在生产过程中，常由于自己的理解或基于客户的分析在标注与说明部分出现一些错误。以下为一些常见错误和整改策略。

案例1：注意用销售地官方文字。图2-14为一电器厂生产的电风扇控制面板，试问是否存在标注与说明相关问题，应该如何整改？

分析：这样的电风扇控制面板在国内市场上偶有见到，普通用户甚至很多工厂设计、检验人员也认为毫无问题。但此类电风扇送检后会被判定为不合格产品。GB 4706.1第7章7.13条规定"使用说明和本部分要求的其他内容，应使用此器具销售地所在国的官方语言文字写出。"故在我国销售的电器产品，无论我国国民的英语水平怎么样，都应该使用中文（可以有他国文字，但中文是必需的）。所以在电器控制面板上的"ON、OFF"应该对应修改为"开、关"。

图2-14 某电风扇控制面板

案例2：内部也需要标志。图2-15为某厂生产的炉具，被检验机构判定为标注与说明不合格。请问检验机构的判定理由是什么？厂家应该怎么整改？

图2-15 某炉具内部图

分析：此类错误也是生产厂家常见错误，在编者从业中经常遇到。厂家往往注意了产品说明书、铭牌和表面的标注，而忽略了内部的标注。

GB 4706.1第7章7.8条规定除了Z连接器以外，应该对用于与电网连接的接线端子进行标示，要标明专门连线中性线的接线端子和保护接地端子。在实践中，编者推荐对接线端子的L端子、N端子和接地端子都进行标注。该规定的目的是避免维修人员进行更换时接错电源线极性。如果内部线和电源连接线用闭路端子进行连接，该标识应固定在内部线上，以保证维修人员取下电源线后标识仍存在，图2-16所示为两种标注方式。

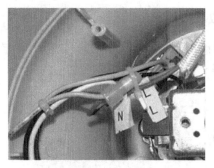
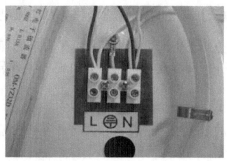

图 2-16 正确的接线端子标注方式

案例 3: 巧用标注与说明的规定挽救功率不合格产品。

某厂生产了一批电器准备送检, 在做电参数测量时发现实测功率只有 1700W 左右, 而该产品额定功率为 2000W。如果你是整改人员, 该如何进行整改呢?

分析: 该产品经测试后发现功率不合格。GB 4706.1 对电热器具的功率检测要求是: 额定功率大于 200W 的器具, 功率偏差范围为 - 10% ~ 5%。该器具偏差已经达到 - 15% 左右。整改人员最初以为是发热丝问题, 从库房调取 20 台器具进行测量, 发现所有发热丝实测功率相差很小。故建议厂家修改额定功率为 1800W, 或者更换发热丝。厂家回复说这批产品为 OEM 产品, 额定功率无法更改, 如全部更换发热丝则成本很高。技术人员查询 GB 4706.1 关于功率的相关内容, 找不到符合厂家利益的解决办法。

标准中是否只有第 10 章涉及功率呢? 其实 GB 4706.1 第 7 章 7.5 条规定了关于额定功率的表示规范, 标准规定 "标有多个额定电压或多个额定电压范围的器具, 应标出每个额定电压或额定电压范围对应的额定输入功率。但是, 如果一个额定电压范围的上下限差值不超过该范围平均值的 10%, 则可标对应该范围平均值的额定输入功率"。

整改结果: 经测试, 该器具为宽电压设计, 额定输入电压可以满足 220 ~ 240V 的要求。当厂家把额定输入电压标示为 220 ~ 240V 时, 额定输入功率应该在 230V 输入电压下测量。检测人员提高输入电压, 测试器具功率达到 1850W 左右, 符合标准规定。

习 题

一、思考题

1. 选用仪表一般要注意什么?

2. Ⅱ 类器具有什么标志?

3. 安全特低电压是多少伏?

4. 安全隔离变压器用什么方式进行电气隔离什么?

5. 电源线连接有几种方式? 各有什么区别?

6. 一电动器具表示的额定功率为 320W, 实测为 180W, 是否合格?

7. 在产品生产和设计时, 考虑安全方面有哪几个原则?

8. 双重绝缘与附加绝缘有什么区别?

9. 0 类器具与 Ⅰ 类器具有什么区别?

10. 怎么区分 0 类器具与 Ⅱ 类器具?

11. 举例说明哪些器具的部件是 Ⅱ 类结构？

12. 产品的标注及说明等要遵循哪些规定？

13. 某商场推销员解释商品上的标识都是英文的原因是因为该商品是进口的，这种解释正确吗？为什么？

14. 某转页扇档位标识为：ON OFF 1 2 3，定时器标识为：0 15 30 45 60。请问是否合格，如果不合格该如何整改？

15. 请指出以下铭牌是否符合标准要求，如不符合请改正。

ABC 电吹风	
型号：GH-1A	
额定频率：50Hz	
额定电压：AC 220V	
额定功率：1.5kW	
佛山市 ABC 电吹风厂	

二、实操题

根据 GB 4706.1 第 7 章的要求，对某一个电器的标注和说明进行检验，判断其合格性。

三、分析题

1. 电热器具由于发热会导致电阻变化，测试功率过程中电阻会逐渐变化，请问拿到一个电热炉，你准备怎么测试其功率？

2. 请问如果要测试空调的输入功率，应该在以下哪种环境下测量？A：安装好后随时测量；B：标准室温（25℃）；C：标准工况；D：说明书标出的最低和最高温度。

Chapter 3

第3章　防触电检验

- 电参数检验
- 电击原因
- 防绝缘击穿的设计措施
- 绝缘检验
- 电气强度与泄漏电流检验
- 接地检验
- 爬电距离、电气间隙测量

难点

- 防触电结构检查

学习目标

掌握：
- 防触电保护要求
- 防触电检验技术

了解：
- 检验设备工作原理

从本章开始，本书将介绍强制认证中型式试验里对安全性能的各个检验。在所有检验中，检验人员应把握如下原则：

1）产品在正常工作条件下，不对使用人员以及周围环境造成安全危险。

2）产品在单一故障条件下，不对使用人员以及周围环境造成安全危险。

3）产品在预期的各种环境应力条件下，不会由于受外界影响而变得不安全。

在防触电检验中，如果出现了不合格，检验人员也应提醒设计人员注意以下情况：

设计师应使产品在正常工作条件下或在单一故障条件下，不会引起触电危险。通常设计工程师应设置两道防触电防线：基本绝缘和附加保护措施。万一基本绝缘失效，附加保护措施将起到防电击的作用。

（1）Ⅰ类器具的措施 防击穿的第一道防线为带电件的基本绝缘；第二道防线是安全接地措施。

由安全接地提供附加保护是使用非常广泛而又非常传统的方法。它的原理很清楚：即使是基本绝缘失效，由于需要接地的可触及导电零部件和需要接地的其他零部件已接到安全接地端，所以消除了接触这些零部件会引起触电的危险。因此，Ⅰ类器具的安全接地设计是一个极其重要的环节。

应该说明的是，Ⅰ类器具中可以含有Ⅱ类部件。例如，Ⅰ类器具的显示器，某部分电路所用的变压器可以是加强绝缘的Ⅱ类变压器。一个系统可能同时含有Ⅰ类器具和Ⅱ类器具。但不管系统如何组成，应始终保证所有Ⅰ类器具都有可靠的保护接地。

（2）Ⅱ类器具的措施 危险带电件与可触及件之间采用加强绝缘或双重绝缘。对于双重绝缘，第一道防线是带电件的基本绝缘，第二道防线是附加绝缘。对于加强绝缘，在防电击上与双重绝缘是同等级别的，所以它相当于两道防线。例如一台Ⅱ类器具的彩电，它的电源线是双重绝缘、它的隔离变压器（一次侧与电网导电连接，二次侧与天线 A/V 端子导电连接）一、二次侧之间采用加强绝缘。

设计人员千万注意：绝不能由于采取了附加保护措施而降低对基本绝缘的要求。另外，从"绝缘"的构成上说，"绝缘"可以是固体材料，可以是液体材料，也可以是满足一定要求的空气间隙/爬电距离。

（3）Ⅲ类器具的措施 采用安全特低电压（SELV）供电，并且 SELV 电路采用适当的办法与其他电路隔离：

1）用双重绝缘或加强绝缘将 SELV 电路与带危险电压的零部件隔离。

2）用接地的导电屏蔽层将 SELV 电路与其他电路隔离。

3）将 SELV 电路接地。

安全特低电压电路（SELV 电路）是指：做了适当设计和保护的二次电路，在正常工作条件和单一故障条件下，它的电压值均不会超过安全值。

在正常工作条件下，在一个 SELV 电路内或几个互连的 SELV 电路内，任何两个导体电路之间的电压，或者任一个这样的导体和地之间的电压不应超过 42V 交流峰值或 60V 直流值。

在单一故障条件下，在一个 SELV 电路内，任何两个导体之间的电压，或者任一个这样的导体和地之间的电压不应超过 42V 交流峰值或 60V 直流值。而且其极限值不应超过 71V 交流峰值或 120V 直流值。

注：Ⅲ类器具的隔离措施要特别留意，近年常报道手机充电器电死人的新闻，事故原因有很大可能就是隔离措施失效。

3.1 电参数检验

3.1.1 电参数检验的相关标准

家用电器的额定值一般指额定输入功率、额定输入电流与其范围。标准要求器具必须标有额定值，电参数检验是指检验人员对器具的额定值进行测量，并判断其是否符合标准要求。

电参数检验的主要标准在 GB 4706.1 第 10 章，同时需考虑第 8 章对额定值标注方式的要求。电参数的测量本身不会给出合格与否的结论，电参数检验的合格判定是利用电参数测量的结果与工厂标注的额定值进行比较，依据 GB 4706.1 第 10 章进行判定。电参数标注方式的规范和含义由 GB 4706.1 第 8 章进行规范。

标准有关于电流的主要内容见表 3-1 和功率见表 3-2，其他内容请读者自行查阅。

表 3-1　电流偏差

器 具 类 型	额定输入电流/A	偏　　差
所有器具	≤0.2	+20%
电热器具和联合型器具	>0.2 且≤1.0	±10%
	>1.0	+5% 或 0.1A(选取较大的) −10%
电动器具	>0.2 且≤1.5	+20%
	>1.5	+15% 或 0.30A(选取较大的)

表 3-2　输入功率偏差

器 具 类 型	额定输入功率/W	偏　　差
所有器具	≤25	+25%
电热器具和联合型器具	>25 且≤200	±10%
	>200	+5% 或 20W(选较大的值) −10%
电动器具	>25 且≤300	+20%
	>300	+15% 或 60W(选较大的值)

3.1.2　电参数检验的设备及操作规范

电参数检验可使用电参数测试仪进行测量，为保证测量准确，电参数测试仪需通过计量。同时，电参数测试仪需与调压仪配合使用。电参数测试仪如图 3-1 所示，可显示测试电压、电流、功率、功率因数/频率。调压仪如图 3-2 所示，调压仪可调节并设定检验所需电压。

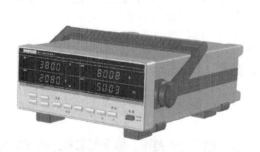

图 3-1　电参数测试仪

图 3-2　调压仪

电参数测试仪操作规程如下：

1）接通仪表电源，将电源开关由"关"置成"开"，预热10min。

2）接上负载（此时应断开样品测试电源）。

3）接通样品测试电源。

4）调节调压仪，使电参数测试仪显示电压为试验所需电压；设置电参数测试仪报警值。

5）记下电压、电流、功率、功率因数值。

6）断开样品测试电源，取下样品负载。

7）需做另一台样品试验时，按步骤2）~6）重复进行。

8）全部测完后，关上仪表电源。

3.1.3 电参数检验的规范流程及结果判定

电参数检验可分为检验准备、测量、结果判定3个步骤。

1. 检验准备

确定测量所需电压，确定样品合格值范围。此步骤需查阅标准和产品说明书/铭牌。

（1）测量电压的确定 不少初学者在进行电参数测量时，惯用220V进行检验，这个电压值并不一定正确。标准规定的电压有3种情况：

1）标有单一额定电压的使用额定电压进行检验。如额定电压为220V，则使用220V电压进行测量。

2）对标记有一个或多个额定电压范围的器具，在这些范围的上限值和下限值上都要进行试验。如该电压范围的上限、下限差值不超过该范围平均值的10%的器具，在此情况下，要在该范围的平均电压值下进行试验。如额定电压范围为220~240V，则可以在220V和240V两种电压下进行检验，也可以只检验电压230V时的情况。

3）对标有一个额定电压范围，且该电压范围的上限、下限差值超过该范围平均值的10%的器具，则允许偏差适用于该范围的上限值、下限值两种情况。如额定电压范围为200~250V，则必须在200V和250V两个电压下分别进行检验。

注：对电压范围的上限、下限差值不超过该范围平均值的10%的器具，到底采用上下限值还是平均值进行检验，检验人员应根据产品说明书进行选择。GB 4706.1第7章标注及说明部分规定了额定电压范围的上限、下限差值不超过该范围平均值的10%的器具，额定功率和额定电流可以标注为范围，或对应电压平均值时的一个值。故产品说明书额定功率/电流如标注为范围的，检验人员检验时在上限值、下限值两种电压进行测量，如说明书中标注的是一个值，则检验人员应该用电压范围平均值实施测量。

（2）阅读标准，确定合格值范围 参见表3-1和表3-2。

请读者留意以下注意事项后自行阅读，并给出不同电器的合格值范围。

检验功率时应注意：

1）对于联合型器具，如果电动机的输入功率大于总额定输入功率的50%，则电动器具的偏差适用于该器具。

2）对电动器具和额定输入功率等于或小于25W的所有器具，不限定负偏差。

3）在有疑问时，应单独测量电动机的输入功率。

检验电流时应注意：

对电动器具和额定电流等于或小于0.2A的所有器具，不限定负偏差。

2. 测量

按照电参数测试仪的操作规程对样品进行测量，报警值设定为上一步骤确定的合格值范围上下限值，并记录电压值、电流值、功率值和频率。测量时需注意以下情况：

1）所有能同时工作的电路都处于工作状态。

2）器具按额定电压供电。

3）器具在正常工作状态下工作。

4）测量样品的额定功率不要超过调压仪的功率范围，否则会烧毁调压仪。

3. 结果判定

比较测量值与合格值范围，若测量值超出合格值范围则为不合格。

初学者进行判定时要留意负偏差和电器的某些特殊时刻，否则会把合格样品判定为不合格。见如下两个案例。

案例1：某电风扇标称额定功率为60W，检验人员实施检验，测量值为25W，判定为不合格。

案例分析：标准对电动器具功率在25～300W范围的电器，限定值为20%。初学者要特别留意，这个20%只是上限值，而未规定下限值。本例电风扇额定功率60W，按照标准规定，只要测量值在72W以下，都合格。家电产品强制认证型式试验引用的GB 4706.1是安全标准，故一个标称60W的电风扇只有25W的风力，可能在用户眼中是不合格的，但在标准意义上，它是合格的。

案例2：检验人员对额定功率为50W的洗衣机进行电参数测量。测量前把功率报警值设为0W和60W。测量过程中报警，判定为洗衣机不合格。

案例分析：该检验人员设置报警值准确，但没留意类似洗衣机这种会正反转电器的特殊时刻。洗衣机在运行过程中，内筒正向旋转几圈后会改为反向旋转。旋转改变时，电机首先停止输出，内筒由于惯性会逐渐停转，在这个停转的过程中，电机结构相当于一个发电机，会对外输出功率。这时电参数测试仪测量出的功率为负值，故报警。检验人员在遇到报警后，不能轻易下不合格结论，应仔细观察测量的整个过程，留意功率值的变化。如报警前一时刻，功率值并未超过合格值范围（如本例的60W），则要分析报警的具体原因。

3.1.4　电参数检验常见不合格案例与整改

电参数检验不合格的原因大多是生产厂家为了节约成本，选用了功率较低的元器件。如电热器具选用，如本书第2章2.2.2节中案例3，选用的发热丝功率偏小；如本书第4章图4-7所示电动机，铁心厚度不够（此例只说明功率偏小，不代表该电动机进行本检验不合格）。

一般检验人员发现此类问题，应建议厂方更换功率较大的器件，使之符合标准规定。

3.2　固体绝缘检验

固体绝缘材料用来保证电器对电的绝缘能力。如果常态绝缘电阻值低，说明绝缘结构中可能存在某些隐患或受损，如电动机绕组对外壳的绝缘电阻低，可能在嵌线时绕组的漆包线与槽绝缘受到损伤所致，如果突然加上电源或切断电源以及由于其他事故，电路中产生过电压，有可能绝缘损坏处造成击穿，对人身安全产生威胁。同时，绝缘材料本身要有一定强度，以避免很容易被物理性划破。

3.2.1 固体绝缘检验的相关标准

GB 4706.1 的 29.3 条对固体绝缘检验进行了规范，主要规范了附加绝缘和加强绝缘的厚度、层数及防电应力能力检验的方法。该标准对绝缘电阻本身没有规定。

GB/T 3408.5《电线电缆电性能试验方法 第 5 部分 绝缘电阻试验》中对电线电缆的绝缘电阻试验进行了规范。

虽然整机标准中无绝缘电阻的内容，但由于整机内有大量电线电缆，故本节也含有绝缘电阻测量相关内容。

上述两个标准请读者自行查阅。

3.2.2 固体绝缘检验的设备及操作规范

整个固体绝缘检验中含厚度测量、电气强度试验和绝缘电阻测量三个内容。厚度测量使用游标卡尺或读数显微镜；电气强度试验参考本章 3.3 节；绝缘电阻测量主要使用绝缘电阻测量仪、绝缘电阻表等。

绝缘电阻测试仪如图 3-3 所示，主要由显示电阻的表头和相关设置旋钮/按钮组成。可设置测量电压、倍率、报警电阻值等。

绝缘电阻测试仪的操作规范如下：

1）设定绝缘电阻下限报警值，按下所需量程键。

2）将电源开关、测量开关和报警设定开关转置于"开"，观察表头，调节设定报警旋钮至所需设定的下限报警值，随后将所有开关置于"关"。

图 3-3 绝缘电阻测试仪

3）按说明书接线要求进行接线，在电源开关处于"关"，测量开关处于"关"的情况下，插上测试输出线，并接上被测件（注意：被测件必须与地绝缘），一般红色高端接于线圈或内部，黑色低端接于外壳。

4）测绝缘电阻：将电源开关及测量开关置于"开"，记下测量数据。若测试数据小于报警设定值，则有声音报警。

5）把测量开关置于"关"，取下被测件。

6）再次测量则重复 1）~5）。

7）测试结束后关掉电源。

读数显微镜的操作规范如下：

1）将仪器置于被测物体上，使被测物件的被测部分用自然光或用灯光照明，然后调节目镜螺旋，使视场中同时看清分划板与物体像。

2）进行测量时，先旋动读数鼓轮，使刻有长丝的玻璃分划板移动，同时稍微转动读数显微镜，使竖直长丝对准被测部分，进行测量。

3）在视场中见一被放大的圆孔凹痕，测量时，先旋动读数鼓轮使视场中竖直长丝与圆孔凹痕的一边相切，得一读数，然后再旋动读数鼓轮，使竖直长丝与圆孔凹痕另一边相切，又得一读数。

4）圆孔凹痕直径为二次读数差，即为绝缘厚度。

3.2.3 固体绝缘检验的规范流程及结果判定

固体绝缘检验的规范流程可分为绝缘材料厚度测量、电应力性能试验、绝缘电阻测量、结果判定4个步骤。

1. 绝缘材料厚度测量

利用游标卡尺测量附加绝缘和加强绝缘的物理厚度，注意应测量最薄的位置。

2. 电应力性能试验

电应力性能试验并不是一定进行的试验，在以下两种情况下需进行：

1）某些电器由于体积的限制，绝缘材料厚度达不到标准规定要求。此时进行电应力性能试验。

2）如器具非正常试验温度超过标准规定值（参考本书第4章4.3节），则需把绝缘材料进行48h的干热试验后再进行电应力性能试验。

电应力性能试验材料按 GB 4706.1 的 16.3 条的方法进行电气强度检验，可参考本章3.3节。

3. 绝缘电阻测量

在家用电器产品的绝缘电阻测量中，一般采用 500V 绝缘电阻表直接测量，即在绝缘电阻两端加上恒定的直流电压，然后测量通电后绝缘体上流过的直流电流，检流计上直接显示电阻值，测量时应注意：

（1）测量部位　当被试样品为Ⅰ类器具时，测量部位是电源线插头的电源线极（相线极与中性线极短接）与接地极之间。

当被试样品为Ⅱ类器具时，测量部位为电源线的电源线极（相线与中性线短接）与加强绝缘隔离的外壳（易触及金属表面）之间。

当被试样品为电缆线时，测量部位为电缆芯导体与电缆外壳之间。

（2）测量条件　测量绝缘电阻时，被试样品应处于冷态，不连接电源，在潮湿箱或 GB 4706.1 规定的房间里进行。

试验前将拆开的部件重新安装好；若有电热元件应将其断开；注意被试样品在测试前，应接地短路 2~3min；保持被试样品表面干净，以保证测量结果的准确性；选用准确度为1级或1.5级的绝缘电阻表。

（3）测量步骤　按照绝缘电阻操作规范的步骤进行测量，需注意根据不同被测样品，选择不同的接线方法，如图3-4所示。

4. 结果判定

1）如附加绝缘厚度大于1mm，加强绝缘厚度大于2mm 为合格。

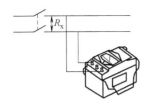

a) 测量导线间的绝缘电阻

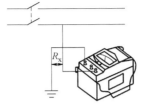

b) 测量电路的绝缘电阻

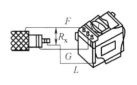

c) 测量电缆的绝缘电阻

图3-4 绝缘电阻测试连线方法

2）如厚度不足，应进行电应力性能试验，如通过电气强度检验，为合格。

3）绝缘电阻值未具体规定，一般为 0.5MΩ。具体可查询被测样品的特殊标准。

3.3 电气强度检验

电气强度测试是为了检验绝缘材料承受电应力的能力。如果在电压的作用下，绝缘材料发生闪络或击穿，则表明绝缘材料被破坏，起不到防触电保护作用。因此必须对家用电器的绝缘结构进行电气强度检验，考核家用电器的绝缘结构是否良好。

3.3.1 电气强度检验的相关标准

GB 4706.1 中电气强度检验的相关标准在第 13 章与第 16 章。其中第 13 章规定的是工作温度下的电气强度检验，第 16 章规定的是其他条件下的电气强度试验方法。其中第 16 章用于被其他章节引用，在其他检验（如耐潮湿检验）中利用电气强度试验来判别其他检验是否合格。如 GB 4706.1 第 15、20、21、29 等章都引用了 16.3 条的电气强度试验。

GB 4706.1 的 13.1 和 13.3 条对工作温度下的电气强度检验进行了规范，主要标准如下：

按照 GB/T 17627.1—1998（eqv IEC 61180-1）的规定，断开器具电源后，器具绝缘立即经受频率为 50Hz 或 60Hz 的电压，历时 1min。

用于此试验的高压电源在其输出电压调整到相应试验电压后，应能在输出端子之间提供一个短路电流 I_s，电路的过载释放器对低于跳闸电流 I_r 的任何电流均不动作。试验期间，不应出现击穿。

电气强度试验电压见表 3-3。

表 3-3 电气强度试验电压

绝 缘	试验电压/V			
	额 定 电 压			工作电压 U
	SELV	≤150	>150 且 ≤250	>250
基本绝缘	500	1000	1000	$1.2U+700$
附加绝缘	1250	1250	1750	$1.2U+1450$
加强绝缘		2500	3000	$2.4U+2400$

GB 4706.1 的 16.3 条对被其他检验引用的电气强度试验进行了规范，其试验电压见表 3-4。

表 3-4　电气强度试验电压（被引用时）

绝　　缘	试验电压/V			
	额　定　电　压			工作电压 U
	SELV	≤150	>150 且≤250	>250
基本绝缘	500	1250	1250	$1.2U+950$
附加绝缘		1250	1750	$1.2U+1450$
加强绝缘		2500	3000	$2.4U+2400$

标准其他内容及引用电气强度试验的标准请读者自行查阅。

3.3.2　电气强度检验的设备及操作规范

电气强度测试仪表又名耐压仪，有指针式和数字式，图 3-5 所示为指针式耐压仪。大多数耐压仪具有电压调节、漏电流设定、模式设定、时间设定和过电流报警等功能。

耐压仪的操作规范如下：

1）开启电源前应逆时针旋转电压调节旋钮至最小，使之处于输出零伏位置。

2）在连接被测物前必须保证高压指示灯熄灭和电压表指示为零。

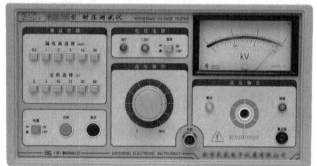

图 3-5　指针式耐压仪

3）输出电压量程设定：仪器提供两档电压范围供用户选择，复位状态（不测试也不报警）下按量程键进行切换，相应电压档的指示灯亮；部分厂家的测试仪没有电压量程选择。

4）漏电流值设定：漏电流值由 3 位拨盘组成，从左往右分别为十位、个位和十分位，单位为毫安。漏电流值范围为 0.3~20.0mA，连续可调。当漏电流值大于 20.0mA 时，仪器默认为 20.0mA，当设定值为 0mA 时，仪器一进入测试状态就转入报警状态（报警指示灯亮，蜂鸣器持续讯响）。

5）测试方式设定：仪器提供定时和手动两种测试方式供用户选择，复位状态下或测试状态下按定时键进行切换。

6）测试。

① 手动测试方式：定时设定为关。

复位状态下按启动键，仪器进入测试状态，高压指示灯亮，旋转电压调节旋钮至所需的电压值。

测试结束仪器也没有进入报警状态，请按复位键，仪器切断电压输出，高压指示灯熄灭，退出到复位状态。

如果在测试过程中，测试电流达到漏电流设定值时，仪器自动切断输出电压、高压指示灯熄灭，进入报警状态，此时按复位键可退出报警状态并转入复位状态。

② 定时测试方式：定时设定为开。

定时时间设定：定时时间由两位拨盘组成，从左往右分别为十位和个位，单位为 s。定时时间范围为 1～99s，连续可调。当设定值为 00 时，仪器自动讯响两下提醒用户设定定时时间，国标规定的时间值为 60s。

复位状态下按启动键，仪器进入测试状态，高压指示灯亮，旋转电压调节旋钮至所需的电压值。

定时测试过程中，如果测试电流达到漏电流设定值时，仪器自动切断输出电压并进入报警状态。定时时间到，仪器也没有进入报警状态，仪器自动切断输出电压并退出到复位状态。

耐压仪使用中的注意事项如下：

1）操作者必须戴合适的绝缘手套和站在适当的绝缘垫上。

2）仪器必须可靠接地，并与被测物的地可靠连接。

3）被测物应放置在恰当的绝缘垫上。

4）对被测物、测试线和高压输出端的操作必须在高压指示灯熄灭和电压表指示为零的状态下进行。

5）不得将输出地线与交流电源线短路，以免外壳带有高压，造成危险。

6）测试容性被测物后应对被测物进行放电处理，以免发生高压电击意外。

7）尽可能避免高压输出端与地短路，以防发生意外。

8）如指示灯工作不正常，仪器应立即进行修理。

9）在不使用仪器时，必须将电压调节旋钮逆时针旋转至最小并关断电源。

10）仪器存放一年后，必须由计量部门检定合格后，方可继续使用。

11）当仪器出现异常状况时，必须关闭工作电源。

由于进行电气强度检验的试验电压高达几千伏，故检验人员必须严格按操作规范进行并留意各注意事项，避免对检验人员造成触电伤害。

3.3.3　电气强度检验的规范流程及结果判定

电气强度检验可分为检验准备、进行试验、结果判定 3 个步骤。

1. 检验准备

检验准备应依据标准找出被试样品的测试部位、确定测试电压和设置整定电流值。

按 GB 4706 系列标准的要求，测试部位通常有以下几部分：

1）带电部件和仅用基本绝缘隔离的易触及部件之间，例如 I 类器具电源线插头的电源极（相线与中性线短接）与接地极之间。

2）带电部件和用加强绝缘隔离的易触及部件之间，例如 II 类器具电源线插头的电源极（相线与中性线短接）与易触及金属外壳之间。

3）对于双重绝缘的部件，仅用基本绝缘与带电部件隔开的金属部件和带电部件之间，例如电源线的铜导线与基本绝缘外皮之间。

4）对于双重绝缘的部件，仅用基本绝缘与带电部件隔开的金属部件和易触及部件之间，例如电源线的基本绝缘外皮与附加绝缘外皮之间。

5）如果带电部件和带有绝缘衬层的金属外壳或金属盖之间穿过衬层测得的距离，少于

GB 4706 系列中规定的相应间隙，则用带绝缘衬层的金属外壳或金属盖与衬层内表层接触的金属箔之间。

6）万一绝缘失效，若手柄、旋钮等零件的轴带电，则与手柄、旋钮、抓手及类似零件接触的金属箔和它们的轴之间。

测试部位的选择对初学者难度较大，建议初学者先尝试寻找 3 个金属部件：a. 带电部件（及有电流流过的金属部件）；b. 基本绝缘与附加绝缘之间的金属部件；c. 器具外壳的金属部件。其中测量 a、b 之间则为基本绝缘，测试 b、c 之间则为附加绝缘；a、c 之间为双重绝缘（与加强绝缘相同要求）。

如洗衣机，插头的相线、中性线插脚与器具的其他部分构成带电回路，故把插头相线、中性线短接后选为 a 点；电机金属外壳为金属部件，且电机金属外壳与带电的绕组中间有基本绝缘（绝缘漆），电机金属外壳外面还有整机的塑料外壳，故选择电机金属外壳为 b 点；洗衣机外壳上面的铭牌等物体器具外部金属部件，选为 c 点。

确定了测试部位后，依据实践电压之间的绝缘类型确定试验电压，电压值见表 3-3。

确定试验电压后，依据施压电压确定整定电流值，见表 3-5。

表 3-5 整定电流值

试验电压/V	整 定 电 流	
	I_s/mA	I_r/mA
≤4000	200	100
4000～10000	80	40
10000～20000	40	20

注：工厂检验中，由于设备限制，可能无法设置超过 20mA 整定电流值。此时可设置为设备的最大值。电气强度检验中，如绝缘材料未被击穿，则电流非常小（一般不到 1mA），一旦击穿电流会很快上升。故工厂检验时，设置为 20mA 一般不会引起检验结果的改变。

2. 进行试验

1）运行检查：正式开始试验前，先检查耐压试验机的高压端短接情况下过电流继电器是否动作，有整定电流调节装置的设备还要检查整定电流是否符合要求。

2）将测试夹子接在测试部位上。

3）按照耐压仪操作规范，施加试验电压。

4）试验电压保持 1min，期间观察有否闪络或击穿，并留意电流值变化。

5）试验结束时，应将试验电压逐渐降下，以免因瞬间电压突变而把试件误击穿。

注：进行第 3）步时，如一段连接的是器具的带电部件，则必须保证整个带电回路接通。需短接插头相线与中性线，打开器具开关。如器具外壳未发现金属件时，可在绝缘薄弱的地方，用一个沙袋将金属箔紧压在绝缘层上，其压力约为 50kPa，金属箔应放在不致引起绝缘边缘闪络的位置。

3. 结果判定

试验结束未出现击穿，试验期间耐压仪未报警为合格。

当试验结束未出现击穿，而耐压仪报警时要仔细分析原因。检验过程中也不应引入其他影响结论的因素。下面通过 3 个案例说明进行结果判定时的常见问题。

案例1：检验人员对一暖风机进行电气强度检验。因暖风机外壳无任何金属部件，需利用金属箔进行检验。但检验人员没有沙袋对金属箔进行紧压，就在测试前用手把金属箔按紧。

案例分析：进行电气强度检验必须保证施加的电压完整地施加到被试样品上，器具外壳无金属部件时，单纯用夹子夹，或只是试验前按几下，都会造成电压无法完整施加，降低了检验要求。

案例2：面对案例1的问题，检验人员发现有一种金属箔一面带有胶水，可以很好地与被试样品进行粘连，保证金属箔与被试样品接触良好。

案例分析：这种情况虽然接触良好，电压施加正常。但相当于在原绝缘材料之上覆盖了另一层绝缘材料（胶水）。遇到无沙袋的情况，检验人员采用带胶水的金属箔时，可提高500V试验电压进行试验，用以抵消胶水的作用。

案例3：检验人员进行电气强度检验时，试验过程中耐压仪报警，但取下样品后，未发现任何击穿的现象，找不到灼烧痕迹或黑点等。

案例分析：这种情况肉眼很难判断是否真的击穿了。为了保证检验结论的准确，检验人员可进行第二次试验。在同一位置进行第二次试验，调高整定电流值（或关闭报警功能，人眼观察电流值），同时降低试验电压。如第一次试验时已击穿，则第二次试验时样品绝缘能力已被破坏，电流值会很大；如第一次试验是误动作，第二次试验观察不到电流值的变大。

3.3.4　电气强度检验常见不合格案例与整改

电气强度检验常见不合格情况有3种：材料本身绝缘能力不够、经受不住其他检验引起的不合格、设计疏忽引起的不合格。

1）如检验人员发现材料本身绝缘能力不够，可报告厂方更换绝缘材料。如电机绕组的绝缘漆、电源线的绝缘层材料。

2）经受不住其他检验引起的不合格见本书其他部分。

3）如出现设计疏忽，则需更改产品设计，见如下案例：

案例1：某厂生产了一种可喷雾的电风扇。该电风扇可喷出水雾，降温效果更好。工厂对其进行电气强度检验，判定为合格。该产品送入国家认证结构实验室后被判定电气强度检验不合格。

案例分析：该产品不喷雾时电气强度检验合格，国家认证结构实验室进行检验时，依据标准关于可拆卸部件的定义，用手旋转了网罩外的塑料外盘，造成电动机密封性能下降，水雾进入电动机内部，导致电气强度检验不合格。该产品对密封性能进行了整改后合格。

案例2：某洗衣机厂生产的小型洗衣机（洗涤容量1kg，常用于夏装或内衣裤洗涤），工厂进行电气强度检验合格，该产品送入国家认证结构实验室后被判定电气强度检验不合格。

案例分析：对比工厂和国家认证结构实验室检验过程后发现，都是用3000V电压对加强绝缘进行检验。一端都进入了插头相线、中性线短接后的相线处，另外一端工厂接到了器具外壳铭牌处，而国家认证结构实验室接到洗涤内筒底部的旋转轴上。对于洗衣机，使用者不借助任何工具都能接触到底部转轴，故该处也是器具外部的易触及金属部件，而且该点经测试是最薄弱的点。导致该点引起电气强度检验不合格的原因是工厂由于减少工艺和成本的原因，该轴与电动机转轴为同一金属轴，且没任何绝缘处理。后期工厂采用带传动方式进行带动，解决了此问题。

3.4 泄漏电流检验

泄漏电流是指家电产品在规定条件下工作时，经易触及金属外壳流出的微小的漏电流。当用户在正常使用电器产品过程中，有意或无意识接触电器产品的外壳易触及金属部件时，该电流可能流过人体。初学者应注意区分泄漏电流与本章 3.3 节部分的漏电流：本书 3.3 节部分提到的漏电流是指电器产品被施加高压时流经绝缘材料的电流，本节泄漏电流是指产品工作时（如正常工作或经过潮湿试验后工作）流经外表面的电流。

3.4.1 泄漏电流检验的相关标准

泄漏电流相关标准主要在 GB 4706.1 的 13.2 条（正常工作条件下）和 16.2 条（潮态或其他规定状态）。

其中 13.2 条的主要内容标准如下：

泄漏电流通过用 GB/T 12113—2003（idt IEC 60990）中图 4 所描述的电路装置进行测量，测量在电源的任一极与连接金属箔的易触及金属部件之间进行，被连接的金属箔面积不得超过 20cm×10cm，并与绝缘材料的易触及表面相接触。

器具持续工作至 GB 4706.1 的 11.7 条规定的时间长度之后，泄漏电流应不超过下述值：

1）对Ⅱ类器具：0.25mA。

2）对 0 类、0Ⅰ类和Ⅲ类器具：0.5mA。

3）对Ⅰ类便携式器具：0.75mA。

4）对Ⅰ类驻立式电动器具：3.5mA。

5）对Ⅰ类驻立式电热器具：0.75mA 或 0.75mA/kW（器具额定输入功率），两者中选较大值，但是最大为 5mA。

泄漏电流的测量，不仅要考核工作温度下的泄漏电流，还要考核在潮态下的泄漏电流。标准详情和其他相关标准（如 GB/T 12113—2003）请读者自行查阅。

3.4.2 泄漏电流检验的设备及操作规范

泄漏电流检验使用泄漏电流测试仪进行检测。泄漏电流测试仪主要由阻抗变换、量程转换、交直流变换、放大、指示装置等组成，一般具有试验电压调节、限制设定、模式设定、时间设定和过电流报警功能。泄漏电流测试仪如图 3-6 所示。

泄漏电流测试仪的操作规范如下：

1）接通仪器电源。

2）将电流量程开关设置在适当量程上（2mA 或 20mA）。

3）将测试/转换开关置于设置位置。

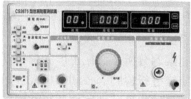

图 3-6 泄漏电流测试仪

4）调节门限电位器，使得电流表显示被测产品允许的极限泄漏电流值。

5）将设置/测试开关置于测试位置。

6）调节测试电源在233V上或被测试产品的产品标准规定的测试工作电源上。

7）关掉被测产品的电源开关。

8）将被测产品的电源线插头插在前面板上的测试电源输出插座上（**注：此插座需检验人员额外安装**）。

9）打开被测产品的电源开关（必要时启动及操作其相应功能）。

10）通过调压旋钮修正被测仪器的工作电压（部分测试仪在被测样品打开后，工作电压会降低）。

11）读出被测产品的泄漏电流值。

12）转换 L/N 转换开关。

13）读出被测产品的泄漏电流值，以最大值作为被测产品的泄漏电流值。

14）如标准要求，可能需在被测样品通电但不打开开关的条件下，重复 11）～13）步骤测试。

泄漏电流测试仪一般在背部有测试用两插插座和接地接线柱，而被试样品可能使用两插或三插插头，故需检验人员额外安装测试插座。安装方法如下：取一五孔插座，含有一个两插和一个三插。如图 3-7 所示，把 5 个孔对应的电源软线接入泄漏电流测试仪相应位置。

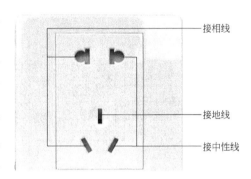

图 3-7　泄漏电流测试仪测试插座接线图

接相线

接地线

接中性线

3.4.3　泄漏电流检验的规范流程及结果判定

泄漏电流检验的规范流程含检验准备、连接设备、实施试验、结果判定等步骤。

1. 检验准备

检验准备阶段检验人员应查阅标准和调整样品，确定检验所用电压及泄漏电流限值并保证样品处于标准规定的状态。

样品是电热器具时，其电源电压要调到使输入功率等于最大额定功率的 1.15 倍；样品是电动器具或组合器具时，其电源电压调到等于额定电压的 1.06 倍。若在工作温度下测量，调好电压后，使样品运行到稳定状态，让器具处于充分发热状态，再进行测试；若在潮态下测试，样品在潮湿箱内，需在样品断电条件下进行测试。工作温度下充分发热的含义是按照GB 4706.1 第 11 章规定器具温度不再上升为止，可参考本书第 4 章 4.2.2 节第 2 小点器具发热部分。

泄漏电流限值请读者参考本章 3.4.1 节或自行查阅标准。

2. 连接设备

对于Ⅰ类器具，通常是测量电源任一极与基本绝缘隔离的易触及金属部件之间，例如器具电源线的相线与地线之间或是中性线与地线之间（要求都要测）。对于Ⅱ类器具，通常是电源任一极与加强绝缘隔离的易触及金属件之间，例如电源线的相线与器具易触及外壳之间或中性线与外壳之间。单相连接泄漏电流的测量电路如图 3-8 所示，三相连接泄漏电流的测量电路如图 3-9 所示。

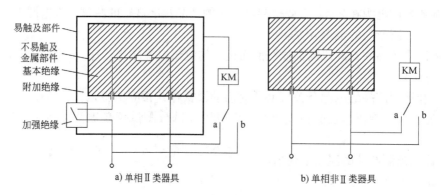

图 3-8　单相连接泄漏电流的测量电路

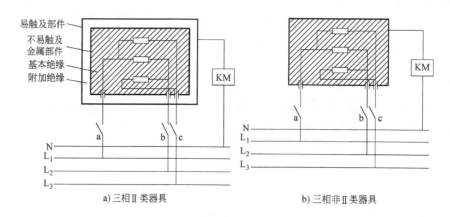

图 3-9　三相连接泄漏电流的测量电路

当检验人员借助泄漏电流测试仪测试时，只需把被测样品的插头插入如图 3-7 所示的五孔插座即可。接入分两种情况：

1）当被测样品为三插插头时，直接插入五孔插座对应插孔。

2）当被测样品为两插插头时，两插插头插入五孔插座对应插孔，再借助三插连接线接入地线。

由于器具为两插插头时无法接入地线，故此时需检验人员做如下工作并借助三插连接线与泄漏电流测试仪地线端相连。检验人员取一个三插插头，取下相线、中性线端所连金属线，保留地线端所连金属线，且在地线金属线另一段连接一金属夹子。测试时，夹子夹入附加绝缘或加强绝缘之外的易触及金属部件上。如果附加绝缘或加强绝缘之外无金属件，则用面积不超过 20cm×10cm 的金属箔紧贴在附加绝缘或加强绝缘外壳的表面上，并使地线连接线夹子夹住该金属箔。

3. 实施试验

被试样品接入完毕后，放置样品在绝缘垫上进行测试。如未放在绝缘垫上，器具的泄漏电流可能不经过表头而直接流入大地，使测试值偏低。

按照 3.4.1 节的设备操作规范，设置测试电压、电流限值等参数。试验结果计入表

3-6中。

表3-6 泄漏电流检验记录

表格:工作温度下的泄漏电流测量		
电热器具:1.15倍额定功率/W		
电动器具和联合型器具:1.06倍额定电压/V		
测量部位	实测值/mA	限定值/mA
L/N 对绝缘外壳		
(其他位置,可选)		

4. 结果判定

测试过程中,泄漏电流测试仪不报警,则被试样品合格。

但请注意,如被试样品为组合型器具(如暖风机,既有电热丝,又有送风的电动机),其总的泄漏电流值限值可在对应电热器具和电动器具的规定限值内取较大值,但不能把二者相加。

3.4.4 泄漏电流检验常见不合格案例与整改

泄漏电流检验不合格案例在国家认证机构实验室检验时较少见。

工厂检验人员在出现泄漏电流检验不合格后,可按如下思路对样品进行整改:

1)是否有设计上的缺陷?如本章3.3.4节中的案例。如有设计缺陷,可考虑采用密封、传动等方式加强绝缘能力。

2)是否绝缘材料绝缘能力不够。如样品是大功率电器,正常使用时流经带电部件的电流很大,造成经外表面泄漏的电流也偏大。此时可考虑更换绝缘材料。

3)如以上方法由于技术难度或成本原因被否定,则考虑把Ⅱ类器具改为Ⅰ类器具。改为Ⅰ类器具后由于接地装置的存在,泄漏电流大部分会被地线引入大地,减少流经外表面的泄漏电流。同时标准对Ⅰ类器具泄漏电流限值规定较大,易于达到标准要求。

思考:读者可观察身边的各种家用电器,看看哪些是Ⅰ类器具,哪些是Ⅱ类器具。再次思考家电厂家为什么要这么分类。

3.5 接地检验

接地有防静电接地、屏蔽接地、防雷接地和工作接地。在家用和类似用途电器中所指的接地主要是指保护接地,保护原理是当电器产品绝缘失效引起易触及金属部件带电时,可使易触及的金属部件和电器上的接地端子和供电线路中的接地回路连成一体,产生较大的回路电流,并通过供电线路中过流保护装置动作切断电器供电电源,使人触及这类电器的金属部件时不产生电击的危险。

3.5.1 接地检验的相关标准

接地检验的相关标准在 GB 4706.1 第 27 章。主要内容如下:

1)0Ⅰ类和Ⅰ类器具的易触及金属部件,永久可靠地连接到一个接地端或输入插孔的接地触点上。

2）接地端子的夹紧装置应可靠牢固，以防意外松动。

3）带接地连接的可拆卸部件插入到器具的另一部分中，其接地连接应在载流连接之前完成；在拔出部件时，接地连接在载流连接断开之后断开。

4）接地端子的金属与其他金属间的接触不应引起腐蚀危险。

5）接地端子或触点与接地金属部件之间的连接应是低电阻的。在规定的低电阻试验中，电阻值应不超过 0.1Ω。

6）印制电路板上的印制导体在手持式器具中不能用于提供接地连续性。

标准详情请读者自行阅读。

3.5.2 接地检验的设备及操作规范

依据上述标准可知，接地检验可概括为接地电阻要低、接地装置要可靠两部分内容。对接地装置的检验主要靠检验人员视检或借助简单工具完成，故本节只介绍测量接地电阻的设备及其操作。

接地电阻测试仪如图 3-10 所示，主要由显示部件（可分别显示时间、电流值和电阻值）、时间调节按钮、电流调节按钮、接线柱及开关组成。

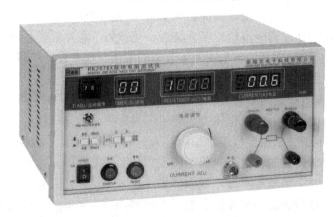

图 3-10　接地电阻测试仪

接地电阻测试仪操作规范如下：

1）接通仪表电源，将电源开关由"关"置成"开"，预热 5~10min。

2）如当天第一次使用，进行运行检查：接好夹子，保证两个夹子未短接，调节测试电流，如仪器报警，则正常。

3）设置试验时间。

4）将仪器红色夹子夹在支架的电源线地线输入端，黑色夹子夹在外壳易触及金属部件上。

5）按下测试按钮，并调节试验电流到规定值。

6）对外壳未连通的其他易触及金属部件重复 3）~5）的试验。

7）试验结束，调节测试电流为 0，拆除连接线，关闭电源。

操作注意事项：由于试验电流非常大，为保证测试人员安全，必须保证接地电阻测试仪本身已可靠接地，测试人员佩戴绝缘手套。

3.5.3 接地检验的规范流程及结果判定

接地检验可分为检验准备、接地电阻测量、接地装置检查和结果判定4个步骤。

1. 检验准备

检验准备包含确定测试位置、确定试验电流两个部分。

（1）确定测试位置　0Ⅰ类和Ⅰ类器具进行本项目试验（0类、Ⅱ类和Ⅲ类器具不应有接地措施）。测点选择重点考虑电器的易触及金属部件上的点，选取原则是分析电器产品的结构和电气原理图，找出由基本绝缘隔离的易触及金属部件；如果有较多的易触及金属部件应选择可能使易触及金属部件和接地装置之间的连接电阻最大的，如果分析有困难则应分别测试。

装饰罩盖没有经受住机械强度试验，其后的金属部件也认为是易触及的金属部件；用加强绝缘或双层绝缘隔离的易触及金属部件不用测试。

（2）确定试验电流　试验电流经空载电压不超过12V的电源获得（使用经计量机构计量过的接地电阻测试仪可不考虑此条），该电流为器具额定电流的1.5倍或25A（两者取较大值）。

2. 接地电阻测量

试验设备的连接线夹子应具有弹性，且和电器的易触及金属部件和接地装置连接时，一定要牢固可靠。易触及的金属表面如有涂层应预先处理，以保证连接。

连接线和测点连接后启动测试仪实施测量。测试时标准没有规定测试电流的持续时间，在有怀疑的情况应持续到稳态建立为止，但要注意，因为测试的电流很大，测试时间过长可能损伤电源线。通常读数3～5s不发生变化即可读数。

在每个易触及的金属部件和接地端子（或接地触点）之间轮流施加选定的电流和测试时间。

施加电流时，应在测试点连接完成，通过设备的调整装置逐步施加电流到规定的电流值。

3. 接地装置检查

一些小企业对接地电阻很重视，以为接地电阻合格即代表接地合格，容易忽视标准对于接地端子的要求，从而造成产品的接地被判不合格。

标准对接地端子有严格的要求，家用电器不仅要符合GB 4706.1第27章"接地措施"的要求，也应符合第28章"螺钉和连接"的要求。检验人员应对应标准逐条进行判定，特别留意以下几条：

1）保护接地端子或接地触点不应连接到中性接线端子上。

2）连接等电位的接线端子，应能连接2.5～6mm^{2}的导线。

3）接地端子的连接导线应比其他相线和中性线长一些，接地连接导线应为黄绿色。

4）螺钉接线端子应符合GB 4706.1中对螺钉的要求；无螺钉接线端子应符合GB 13140.3—2008的要求。

5）接地端子的夹紧装置应充分牢固，以防松动，图3-11是接地端子示例。

6）用来提供接地连续性的部件都应有足够耐腐蚀的镀层，或用耐腐蚀的金属制造；如果接地端子的主体是铝或铝合金制造的框架或外壳的一部分，则应采取预防措施以避免由于铜与铝或铝合金的接触而引起的腐蚀危险。

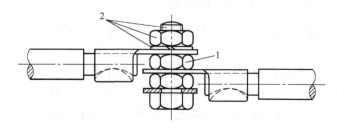

图 3-11　接地端子示例
1—提供接地连续性的部件　2—提供或传递接触压力的部件

4. 结果判定

接地电阻小于 0.1Ω，接地装置检查不出现不符合项则为合格。但应注意一些特殊情况。如个别电器空间较小，夹子无法夹紧电源软线输入端的接地端子，此时检验人员可把连接线夹子夹紧电源软线插头的接地端。这种情况实测数据增加了电源线本身的电阻，检验时可放大限定值到 0.2Ω。也可测试后再拆下电源软线测试电源线电阻，用实测接地电阻减去电源软线电阻得到器具本身的接地电阻。

在进行载流线和接地线检验时，有人认为标准要求接地线长度应大于载流线，并通过长度测量进行判定。GB 4706.1 中 27.3 条规定的是如果发生拔出或滑出等意外，载流线应先绷紧，或先被扯断。检验时可拆除电源线固定装置并尝试拉断电源线去判定是否合格。

3.5.4　接地检验常见不合格案例与整改

接地检验不合格通常为接地装置设计安装不符合规范所导致，见如下案例。

案例 1：某厂生成的 I 类器具，厂方测试接地电阻为 0.05Ω 左右。送到认证机构的实验室进行检验时被告知接地电阻不合格。

案例分析：本案例常见于非全金属外壳，且厂家由于追求外观漂亮使用了绝缘材料作为外壳。该厂为了追求美观，在器具背部使用了塑料作为外壳，但背部中间部位是金属铭牌，且该铭牌并未被接入接地端子。造成外壳易触及金属部件（该案例为铭牌）与接地系统断开，接地电阻远大于标准规定值。

整改措施：这种案例有两种整改思路。一是直接用黄绿色导线连接接地装置；二是铭牌直接贴在塑料外壳，而不是嵌入。当外壳易触及金属部件和带电部件用绝缘材料隔开，且该绝缘材料达到附加绝缘或加强绝缘的绝缘性能时，该绝缘材料外部的金属部件不需进行绝缘电阻检验。

案例 2：某厂生产一 DVD 被认证机构实验室判定不符合 GB 4706.1 中 27.6 条的规定。

案例分析：个别厂家误认为电子电路中的接地和安全认证中的接地是同一概念，于是把印制电路板中的接地和电源软线的接地连接到一起。

整改措施：这种问题有两个整改思路：一是在器具其他地方加上接地端子用于安全认证意义上的接地，使其与印制电路板的接地断开；二是直接改电源软线为两插插头的电源软线，修改器具类型为 II 类器具，去除安全认证意义上的接地，但此思路要保证器具能经受标准对Ⅱ类器具的要求，如针对加强绝缘和附加绝缘的电气强度检验。依据编者经验，电气强度检验出现不合格的概率非常小，故若出现本例或其他关于接地装置不合格的情况，通常可采取第二种方法进行整改。

3.6　电气间隙、爬电距离检验

电气间隙指带电部件之间或带电部件与可接触表面之间的最短距离；爬电距离指带电部件之间或带电部件与可接触表面之间沿绝缘体表面的最短距离。爬电距离和电气间隙对电器产品的安全起着非常重要的作用。如果这一距离过小，电器产品中的带电部件和外壳之间很容易短路，使外壳带电，危害人身安全。如果带电部件之间的距离过小，则容易产生极间短路或极间漏电，可能使电器产品泄漏电流增大、绝缘电阻降低、电气强度下降直接影响产品质量。

3.6.1　电气间隙、爬电距离检验的相关标准

电气间隙、爬电距离检验的相关标准在 GB 4706.1 的第 29 章。进行该检验还需要引用 GB 4706.1 附录 K《过电压类别》、附录 M《污染等级》、附录 N《耐漏电起痕试验》（耐漏电起痕检验可参考本书第 6 章 6.4 节）等内容。

1. 电气间隙

GB 4706.1 第 29 章关于电气间隙部分的主要内容如下：

电气间隙、爬电距离和固体绝缘应足以承受器具可能经受的电气应力。

考虑到表 3-7 中过电压类别对应的额定脉冲电压，电气间隙应不小于表 3-8 中的规定值，除非基本绝缘与功能绝缘满足 GB 4706.1 第 14 章的脉冲电压试验要求。如果器具结构使得距离受磨损、变形、部件运动或影响装配时，额定脉冲电压为 1500V 或以上电压时，电气间隙应增加 0.5mm，并且脉冲电压试验不适用。

1）考虑到额定脉冲电压，基本绝缘的电气间隙应承受正常使用中出现的过电压。

2）附加绝缘的电气间隙不小于表 3-8 中基本绝缘电气间隙的规定值。

3）加强绝缘的电气间隙不小于表 3-8 中基本绝缘电气间隙的规定值，但应以比实际高一等级的额定脉冲电压为基准。

4）对于功能性绝缘，表 3-8 中的规定值适用。

5）对于工作电压高于额定电压的器具，用于在表 3-8 中确定电气间隙的电压应是额定脉冲电压加上工作电压的峰值与额定电压峰值之差。

以上直接引用标准原文，保留标准序号，为了便于阅读，将标准原文的表 15 和表 16 分别改为表 3-7 和表 3-8。

表 3-7　额定脉冲电压

额定电压/V	额定脉冲电压/V		
	过电压类别Ⅰ	过电压类别Ⅱ	过电压类别Ⅲ
≤50	330	500	800
>50 且≤150	800	1500	2500
>150 且≤300	1500	2500	4000

注：1. 对于多相器具，以相线或中性线或相线对地线的电压作为额定电压。

　　2. 这些值是基于器具不会产生高于所规定的过电压的假设。如果产生更高的过电压，电气间隙必须相应增加。

表 3-8　最小电气间隙

额定脉冲电压/V	最小电气间隙[①]/mm	额定脉冲电压/V	最小电气间隙[①]/mm
330	0.5[②、③]	4000	3.0
500	0.5[②、③]	6000	5.5
800	0.5[②、③]	8000	8.0
1500	0.5[③]	10000	11.0
2500	1.5		

① 规定值仅适用于空气中电气间隙。
② 出于实际操作情况，不采用 GB/T 16935.1—2008（idt IEC 60664-1）规定的更小电气间隙，例如批量产品的公差。
③ 污染等级为 3 时，该值增加到 0.8mm。

2. 爬电距离

GB 4706.1 第 29 章关于爬电距离部分的主要内容如下：

爬电距离应不小于工作电压相应的值，并考虑材料的类别和污染等级。

1）基本绝缘的爬电距离应不小于表 3-9 的规定值。

2）附加绝缘的爬电距离应不小于表 3-9 的规定值。

3）加强绝缘的爬电距离应不小于表 3-9 的规定值的两倍。

4）功能性绝缘的爬电距离应不小于表 3-10 的规定值。

以上直接引用标准原文，保留标准序号，为了便于阅读，将标准原文的表 17 和表 18 分别改为表 3-9 和表 3-10。

表 3-9　基本绝缘的最小爬电距离

工作电压/V	爬电距离/mm						
	污染等级 1	污染等级 2			污染等级 3		
		材料组			材料组		
		Ⅰ	Ⅱ	Ⅲa/Ⅲb	Ⅰ	Ⅱ	Ⅲa/Ⅲb
≤50	0.2	0.6	0.9	1.2	1.5	1.7	1.9
>50 且 ≤125	0.3	0.8	1.1	1.5	1.9	2.1	2.4
>125 且 ≤250	0.6	1.3	1.8	2.5	3.2	3.6	4.0
>250 且 ≤400	1.0	2.0	2.8	4.0	5.0	5.6	6.3
>400 且 ≤500	1.3	2.5	3.6	5.0	6.3	7.1	8.0
>500 且 ≤800	1.8	3.2	4.5	6.3	8.0	9.0	10.0
>800 且 ≤1000	2.4	4.0	5.6	8.0	1.0	11.0	12.5
>1000 且 ≤1250	3.2	5.0	7.1	10.0	12.5	14.0	16.0
>1250 且 ≤1600	4.2	6.3	9.0	12.5	16.0	18.0	20.0
>1600 且 ≤2000	5.6	8.0	11.0	16.0	20.0	22.0	25.0
>2000 且 ≤2500	7.5	10.0	14.0	20.0	25.0	28.0	32.0
>2500 且 ≤3200	10.0	12.5	18.0	25.0	32.0	36.0	40.0
>3200 且 ≤4000	12.5	16.0	22.0	32.0	40.0	45.0	50.0
>4000 且 ≤5000	16.0	20.0	28.0	40.0	50.0	56.0	63.0
>5000 且 ≤6300	20.0	25.0	36.0	50.0	63.0	71.0	80.0

（续）

工作电压/V	爬电距离/mm						
	污染等级 1	污染等级 2			污染等级 3		
		材料组			材料组		
		Ⅰ	Ⅱ	Ⅲa/Ⅲb	Ⅰ	Ⅱ	Ⅲa/Ⅲb
>6300 且≤8000	25.0	32.0	45.0	63.0	80.0	90.0	100.0
>8000 且≤10000	32.0	40.0	56.0	80.0	100.0	110.0	125.0
>10000 且≤12500	40.0	50.0	71.0	100.0	125.0	140.0	160.0

注：1. 绕组漆包线认为是裸露导线，但考虑到 GB 4706.1 中 29.1.1 条的要求，爬电距离不必大于表 3-8 规定的相应电气间隙。

2. 对于不会发生漏电起痕的玻璃、陶瓷和其他无机绝缘材料，爬电距离不必大于相应的电气间隙。

3. 除了隔离变压器的二次电路，工作电压不认为小于器具的额定电压。

4. 如果工作电压不超过 50V，允许使用材料组Ⅲb。

表 3-10 功能性绝缘的最小爬电距离

工作电压/V	爬电距离/mm						
	污染等级 1	污染等级 2			污染等级 3		
		材料组			材料组		
		Ⅰ	Ⅱ	Ⅲa/Ⅲb	Ⅰ	Ⅱ	Ⅲa/Ⅲb
≤50	0.2	0.6	0.8	1.1	1.4	1.6	1.8[①]
>50 且≤125	0.3	0.7	1	1.4	1.8	2	2.2
>125 且≤250	0.4	1	1.4	2	2.5	2.8	3.2
>250 且≤400[②]	0.8	1.6	2.2	3.2	4	4.5	5
>400 且≤500	1	2	2.8	4	5	5.6	6.3
>500 且≤800	1.8	3.2	4.5	6.3	8	9	10
>800 且≤1000	2.4	4	5.6	8	10	11	12.5
>1000 且≤1250	3.2	5	7.1	10	12.5	14	16
>1250 且≤1600	4.2	6.3	9	12.5	16	18	20
>1600 且≤2000	5.6	8	11	16	20	22	25
>2000 且≤2500	7.5	10	14	20	25	28	32
>2500 且≤3200	10	12.5	18	25	32	36	40
>3200 且≤4000	12.5	16	22	32	40	45	50
>4000 且≤5000	16	20	28	40	50	56	63
>5000 且≤6300	20	25	36	50	63	71	80
>6300 且≤8000	25	32	45	63	80	90	100
>8000 且≤10000	32	40	56	80	100	110	125
>10000 且≤12500	40	50	71	100	125	140	160

注：1. 对于工作电压小于 250V 且污染等级 1 和 2 的 PTC 电热元件，PTC 材料表面上的爬电距离不必大于相应的电气间隙，但其端子间的爬电距离按本规定。

2. 对于不会发生漏电起痕的玻璃、陶瓷和其他无机绝缘材料，爬电距离不必大于相应的电气间隙。

① 如果工作电压不超过 50V，允许使用材料组Ⅲb。

② 额定电压为 380～415V 的器具，其相线间工作电压 >250V 且≤400V。

标准详情及引用的附录请读者自行查阅。

3.6.2 电气间隙、爬电距离检验的设备及操作规范

本检验的设备主要用塞规、游标卡尺和千分尺等工具。这些工具主要用于测量电器内部的可视部分的爬电距离和电气间隙。测量电子线路板的微小距离时，为使测量准确可用光学显微镜等设备。不可视部分的爬电距离、电气间隙和穿通绝缘距离，一般还用到 X 光机进行拍照检查，例如电热管中电热管和管壁金属之间的穿通绝缘距离。

读数显微镜的操作规范见本章 3.2.2 节，其他设备操作规范不再赘述。

3.6.3 电气间隙、爬电距离检验的规范流程及结果判定

电气间隙、爬电距离检验可分为确定限值、确定测量点、实施测量、结果判定 4 个步骤。

1. 确定限值

检验人员分析器具类型，查阅器具所需其他检验结果，依据电气间隙和爬电距离的测试程序确定被试样品的标准限值。

电气间隙测试程序如图 3-12 所示。

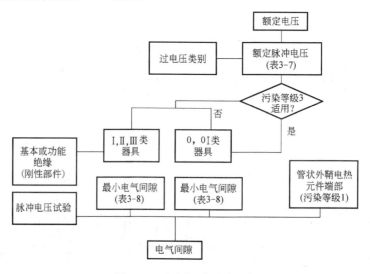

图 3-12　电气间隙测试程序

爬电距离测试程序如图 3-13 所示。

确定标准限值需准确把握以下几个参数。

（1）过电压类别　过电压类别是一个定义瞬态过电压条件的数值，在 GB 4706.1 附录 K 中给出。

1）过电压类别Ⅳ的设备在原安装地点使用。

这类设备的例子，如：电表和一次侧过电流保护设备。

2）过电压类别Ⅲ的设备是固定设施里的设备，并且对其可靠性和可用性有特别的要求。

这类设备的例子，如：固定设施的开关和永久连接到固定设施的工业用设备。

3）过电压类别Ⅱ的设备是由固定设施供电的能耗设备。

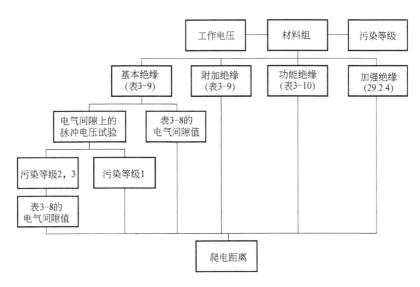

图 3-13 爬电距离测试程序

这类设备的例子，如：器具、便携式工具和其他家用和类似的负载。

如果这类设备有涉及可靠性和可用性的特殊要求，过电压类别Ⅲ适用。

4）过电压类别Ⅰ的设备为连接到有措施限制瞬态过电压处于适当低水平电压的电路的设备。例如保护电子电路。

如被试样品特殊标准未做明确规定，家用和类似用途器具都为过电压类别Ⅱ。

（2）污染等级 污染等级的定义在 GB 4706.1 附录 M 中给出。

微观环境决定了绝缘上污染的影响。但是，当考虑微观环境时必须还要考虑宏观环境。对外壳、封装或密封条的有效使用可考虑作为减少绝缘污染的措施。当设备发生冷凝现象或如果正常使用自身会产生污染时，则这些减少污染的措施是无效的。

为了评定电气间隙的距离，确立以下 4 个微观环境的污染等级：

1）1 级污染：没有污染或仅发生干燥的、非导电性的污染。污染不会产生影响。

2）2 级污染：除了可预见的冷凝所引起的短时偶然的污染外，易发生非导电性的污染。

3）3 级污染：发生导电性的污染或干燥的非导电性污染，且该污染会由可预见的冷凝使其具有导电性。

4）4 级污染：由导电性粉尘、雨水或雪花引起的产生持久导电性的污染。

4 级污染不适用于器具。一般器具适用于 2 级污染，除：

1）采取预防措施保护绝缘，此时污染等级为 1 级。

2）绝缘经受导电性污染，此时污染等级为 3 级，如壁扇。

初学者无法确定污染等级时，请查阅被试样品特殊标准。

（3）材料组 材料组由耐漏电起痕试验确定。根据耐漏电起痕试验所测得的 CTI 值按下述内容确定：

1）材料组Ⅰ：$600 \leqslant CTI$。

2）材料组Ⅱ：$400 \leqslant CTI < 600$。

3）材料组Ⅲa：$175 \leqslant CTI < 400$。

4）材料组Ⅲb：$100 \leqslant CTI < 175$。

耐漏电起痕试验CTI值的确定请参考GB 4706.1附录N和本书第6章6.4节的内容。

检验人员确定了过电压类别、污染等级和材料组三个参数后，按照测试程序（图3-12和图3-13）查阅表3-7～表3-10，确定被试样品各种绝缘的电气间隙和爬电距离限值。但请注意，利用表3-9和表3-10确定爬电距离限值时，用的是工作电压而不是额定电压。某些电器产品的工作电压会高于额定电压，且除了隔离变压器二次电路，不认为工作电压小于额定电压，即除了隔离变压器二次电路，工作电压大于等于额定电压。

2. 确定测量点

测点的选择方式一般原则是从外向内的方式，顺着电源输入向里进行检查。

从外向里，主要注意检查外壳上的电气部件，确定外壳上的易触及部件，并注意用试验指才能触及的部件，上述这些部件确认后应予记录。

需要将样品拆卸分割后才能测量的主要部件，应注意在拆卸或分割时，画好部件的位置图，结合厂方提供的结构图选择测点，具体测量位置应按具体产品的要求对每个测量部件核查。

3. 实施测量

在选择好测点后应参照图3-14a～l的路径测量，注意把握最不利原则。

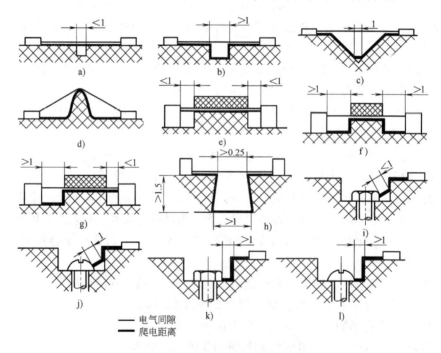

图3-14 电气间隙、爬电距离测量路径

注：图3-14i～l的电气间隙和爬电距离相同。

测量时还要注意以下要点：

1）除电热器具的裸露导线以外，测量时施加一个作用力于裸露导线和易触及表面以尽量减少电气间隙和爬电距离。该作用力的数值如下：裸露导线为2N；易触及表面为30N。

2）把可移动部件放在爬电距离和电气间隙可能出现最小的最不利的位置上。

3）非圆头螺母和非圆头螺钉应在最不利的位置上拧紧，如图3-15a所示L_1，而图3-15b测量的L_2偏大，测量时取L_1为准。

4）对于接线端子和易触及的金属部件之间的电气间隙，是在螺钉和螺母拧松的情况下测量，即使螺钉或螺母仅仅能保持在相对的位置，如图3-15c所示L_1。如按图3-15d测量L_2，因为$L_2 > L_1$，因此考虑最不利的情况应取L_1。

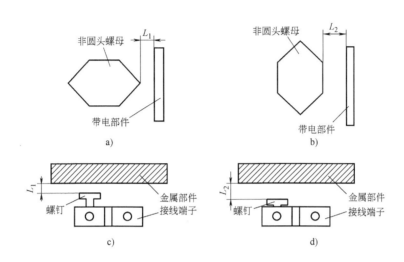

图 3-15　螺钉测量位置

电气间隙测量结果记录到表3-11中，表中给出一个记录实例。

表 3-11　电气间隙测量结果

29.1	表格：电气间隙/mm					
	过电压类别：	Ⅱ				
		绝缘类别				
额定脉冲电压/V	最小电气间隙/mm	基本绝缘	功能性绝缘	附加绝缘	加强绝缘	结论/备注
330	0.5					
500	0.5					
800	0.5					
1500	0.5					
2500	1.5	>4.0	>4.0	>4.0	>8.0	
4000	3.0					
6000	5.5					
8000	8.0					
10000	11.0					

基本绝缘、附加绝缘和加强绝缘爬电测量结果记录到表3-12中，表中给出一个记录实例，表中数值下加下画线的表示被测样品标准限值，实测值直接记录。功能性绝缘爬电距离测量结果与此类似，不再赘述。

表3-12　基本绝缘、附加绝缘和加强绝缘爬电测量结果

29.2	表格:爬电距离,基本绝缘、附加绝缘和加强绝缘										
工作电压/V	爬电距离/mm							绝缘类别			结果
	污染等级1	污染等级2 材料组			污染等级3 材料组			B	S	R	
		I	II	IIIa/IIIb	I	II	IIIa/IIIb				
≤50	0.2	0.6	0.9	1.2	1.5	1.7	1.9		—	—	
≤50	0.2	0.6	0.9	1.2	1.5	1.7	1.9	—		—	
≤50	0.4	1.2	1.5	2.4	3.0	3.4	3.8	—	—		
>50 且 ≤125	0.3	0.8	1.1	1.5	1.9	2.1	2.4		—	—	
>50 且 ≤125	0.3	0.8	1.1	1.5	1.9	2.1	2.4	—		—	
>50 且 ≤125	0.6	1.6	2.2	3.0	3.8	4.2	4.8	—	—		
>125 且 ≤250	0.6	1.3	1.8	<u>2.5</u>	3.2	3.6	4.0	>4.0	—	—	
>125 且 ≤250	0.6	1.3	1.8	<u>2.5</u>	3.2	3.6	4.0	—	>4.0	—	
>125 且 ≤250	1.2	2.6	3.6	<u>5.0</u>	6.4	7.2	8.0	—	—	>8.0	
>250 且 ≤400	1.0	2.0	2.8	4.0	5.0	5.6	6.3		—	—	
>250 且 ≤400	1.0	2.0	2.8	4.0	5.0	5.6	6.3	—		—	
>250 且 ≤400	2.0	4.0	5.6	8.0	10.0	11.2	12.6	—	—		
>400 且 ≤500	1.3	2.5	3.6	5.0	6.3	7.1	8.0		—	—	
>400 且 ≤500	1.3	2.5	3.6	5.0	6.3	7.1	8.0	—		—	
>400 且 ≤500	2.6	5.0	7.2	10.0	12.6	14.2	16.0	—	—		
>500 且 ≤800	1.8	3.2	4.5	6.3	8.0	9.0	10.0		—	—	
>500 且 ≤800	1.8	3.2	4.5	6.3	8.0	9.0	10.0	—		—	
>500 且 ≤800	3.6	6.4	9.0	12.6	16.0	18.0	20.0	—	—		
>800 且 ≤1000	2.4	4.0	5.6	8.0	10.0	11.0	12.5		—	—	
>800 且 ≤1000	2.4	4.0	5.6	8.0	10.0	11.0	12.5	—		—	
>800 且 ≤1000	4.8	8.0	11.2	16.0	20.0	22.0	25.0	—	—		
>1000 且 ≤1250	3.2	5.0	7.1	10.0	12.5	14.0	16.0		—	—	
>1000 且 ≤1250	3.2	5.0	7.1	10.0	12.5	14.0	16.0	—		—	
>1000 且 ≤1250	6.4	10.0	14.2	20.0	25.0	28.0	32.0	—	—		
>1250 且 ≤1600	4.2	6.3	9.0	12.5	16.0	18.0	20.0		—	—	
>1250 且 ≤1600	4.2	6.3	9.0	12.5	16.0	18.0	20.0	—		—	
>1250 且 ≤1600	8.4	12.6	18.0	25.0	32.0	36.0	40.0	—	—		
>1600 且 ≤2000	5.6	8.0	11.0	16.0	20.0	22.0	25.0		—	—	
>1600 且 ≤2000	5.6	8.0	11.0	16.0	20.0	22.0	25.0	—		—	
>1600 且 ≤2000	11.2	16.0	22.0	32.0	40.0	44.0	50.0	—	—		
>2000 且 ≤2500	7.5	10.0	14.0	20.0	25.0	28.0	32.0		—	—	
>2000 且 ≤2500	7.5	10.0	14.0	20.0	25.0	28.0	32.0	—		—	
>2000 且 ≤2500	15.0	20.0	28.0	40.0	50.0	56.0	64.0	—	—		
>2500 且 ≤3200	10.0	12.5	18.0	25.0	32.0	36.0	40.0		—	—	
>2500 且 ≤3200	10.0	12.5	18.0	25.0	32.0	36.0	40.0	—		—	
>2500 且 ≤3200	20.0	25.0	36.0	50.0	64.0	72.0	80.0	—	—		
>3200 且 ≤4000	12.5	16.0	22.0	32.0	40.0	45.0	50.0		—	—	
>3200 且 ≤4000	12.5	16.0	22.0	32.0	40.0	45.0	50.0	—		—	
>3200 且 ≤4000	25.0	32.0	44.0	64.0	80.0	90.0	100.0	—	—		
>4000 且 ≤5000	16.0	20.0	28.0	40.0	50.0	56.0	63.0		—	—	
>4000 且 ≤5000	16.0	20.0	28.0	40.0	50.0	56.0	63.0	—		—	
>4000 且 ≤5000	32.0	40.0	56.0	80.0	100.0	112.0	126.0	—	—		
>5000 且 ≤6300	20.0	25.0	35.0	50.0	63.0	71.0	80.0	—	—		

（续）

29.2		表格:爬电距离,基本绝缘、附加绝缘和加强绝缘										
工作电压/V	爬电距离/mm							绝缘类别			结果
	污染等级1	污染等级2			污染等级3						
		材料组			材料组			B	S	R	
		I	II	IIIa/IIIb	I	II	IIIa/IIIb				
>5000 且 ≤6300	20.0	25.0	35.0	50.0	63.0	71.0	80.0	—		—	
>5000 且 ≤6300	40.0	50.0	70.0	100.0	126.0	142.0	160.0	—		—	
>6300 且 ≤8000	25.0	32.0	45.0	63.0	80.0	90.0	100.0	—		—	
>6300 且 ≤8000	25.0	32.0	45.0	63.0	80.0	90.0	100.0	—		—	
>6300 且 ≤8000	50.0	64.0	90.0	126.0	160.0	180.0	200.0	—		—	
>8000 且 ≤10000	32.0	40.0	56.0	80.0	100.0	110.0	125.0	—		—	
>8000 且 ≤10000	32.0	40.0	56.0	80.0	100.0	110.0	125.0	—		—	
>8000 且 ≤10000	64.0	80.0	112.0	160.0	200.0	220.0	250.0	—		—	
>10000 且 ≤12500	40.0	50.0	71.0	100.0	125.0	140.0	160.0	—		—	

注：B 表示基本绝缘，S 表示附加绝缘，R 表示加强绝缘。

4. 结果判定

按规范性程序完成检验后，如电气间隙、爬电距离实测值都大于标准限值，则该检验合格。

如基本绝缘和功能性绝缘的电气间隙实测值小于标准限值，则进行脉冲电压试验（GB 4706.1 第 14 章）。如脉冲电压试验合格，也判定电气间隙检验合格。但污染等级为 3 级的 0 类或 0 I 类器具不适用，电气间隙值必须大于标准限值。

同时，如果该处已通过脉冲电压试验，除 1 级污染外，基本绝缘则相应的爬电距离应不小于表 3-8 中电气间隙的最小值。此时用于基本绝缘爬电距离实测值小于标准限值，在脉冲电压试验合格且实测值大于电气间隙限值的情况下，也判定爬电距离检验合格。

脉冲电压试验过程简述如下（详情请查询 GB 4706.1 第 14 章）：

脉冲试验电压具有与 GB/T 17627.1 规定的 1.2/50μs 标准脉冲一致的空载波形。它由一个有效阻抗为 12Ω 的脉冲发生器提供。脉冲试验电压以不小于 1s 的间隔对每个极性施加 3 次。脉冲试验电压值见表 3-13。

表 3-13 脉冲试验电压值

额定脉冲电压/V	脉冲试验电压/V	额定脉冲电压/V	脉冲试验电压/V
330	350	4000	4800
500	550	6000	7300
800	910	8000	9800
1500	1750	10000	12000
2500	2950		

3.7 防触电结构检验

防触电保护从广义的概念上讲有直接接触防护和间接接触防护。直接接触防护是防止人与带电导体直接接触时发生触电危险的防护，所采取的措施包括在人和带电体之间设置足够距离或设置必要的隔离措施，防止人接触带电体。而间接接触防护是指当电器在使用过程中绝缘失效金属外壳带电时，防止人接触这些金属部件而产生触电危险，基本措施是设置自动保护装置，一旦发生故障，能在短时间内自动切断电源，或使电器的外壳对地电压限制在50V以下。

3.7.1 防触电结构检验的相关标准

防触电结构检验的标准在 GB 4706.1 第 8 章，主要内容如下：

器具的结构及外壳应使其对意外触及带电部件有足够的防护。

1）8.1 条的要求适用于器具按正常使用进行工作时所有的位置，和取下可拆卸部件后的情况。装取灯泡期间，应有对触及带电部件的防护。用 IEC 61032 中的探棒 B 进行检查，不触及带电部件。

2）用不明显的力作用在 IEC 61032 中的 13 号探棒来穿过 0 类器具、Ⅱ类器具或Ⅱ类结构上的孔隙，检查有绝缘涂层的接地金属外壳上的孔隙，不触及带电部件。

3）对Ⅱ类器具以外的其他器具用 IEC 61032 的 41 号试验探棒，而不用 B 型试验探棒和 13 号试验探棒，用不明显的力施加于一次开关动作而全断开的可见灼热电热元件的带电部件上。只要与这类元件接触的支撑件在不取下罩盖或类似部件情况下，从器具外面明显可见，则该试验探棒也施加于这类支撑件上。试验探棒应不能触及这些带电部件。

标准详情及引用的 IEC 标准请读者自行查阅。

3.7.2 防触电结构检验的设备及操作规范

依据上述标准可知，GB 4706 系列中使用的防触电结构检验设备主要有 IEC 61032 中规定的 B 型探棒、13 号探棒和 41 号探棒，另外在取下可拆卸部件时需用到试验指甲。图 3-16 ~ 图 3-18 分别是 B 型探棒、13 号探棒和 41 号探棒，分别又称试验指、试验销和试验棒，试验指甲请参考本书 7.1 节。

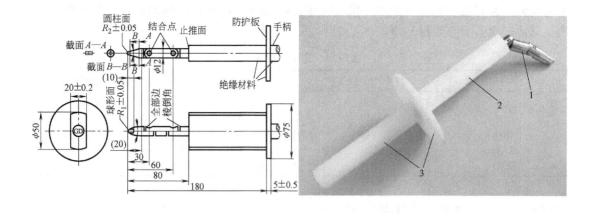

图 3-16 试验指（IEC 61032 B 型探棒）

1—金属模拟手指，带三个模拟关节，$\phi12.5$mm×80mm　2—绝缘的模拟手掌，$\phi50$mm×20mm（W）×100mm（L）

3—绝缘的防护板（$\phi75$mm×5mm）及手柄

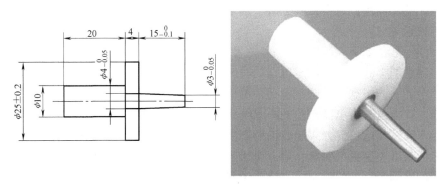

图 3-17　试验销（IEC 61032 13 号探棒）

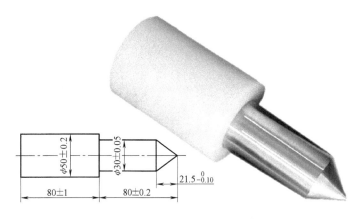

图 3-18　试验棒（IEC 61032 41 号探棒）

因以上设备使用简单，其操作规范不再赘述。

3.7.3　防触电结构检验的规范流程及结果判定

1. 检验准备

家用和类似用途电器的防触电保护措施主要包括 3 个方面：

1）防止触及带电部件的保护。

2）防止触及Ⅱ类器具或Ⅱ类结构器具的用基本绝缘隔离的金属部件。

3）对带有阻抗保护电器的防触电保护。

根据国标 GB 4706.1，防触电保护共分 5 种类别：0 类器具、0Ⅰ类器具、Ⅰ类器具、Ⅱ类器具和Ⅲ类器具。电器绝缘结构分为基本绝缘、附加绝缘、加强绝缘和双重绝缘。电器产品可能包括上述几种绝缘结构，也可能只是其中的一种结构。

因此对确定好防触电保护类别的电器产品，要根据上述概念来对该电器产品进行绝缘结构分析。基本原则是Ⅰ类器具中允许有Ⅱ类结构，即可部分采用加强绝缘和附加绝缘。特别是使用者操作的电器部件，但电器中不允许有 0 类结构，即易触及的金属部件只依靠基本绝缘防护而没有采取接地措施等；Ⅱ类器具中不允许有Ⅰ类结构，即电器整体是双层绝缘，但部分电器部件又采用接地措施。如果电器既采用双层绝缘或加强绝缘，而易触及的金属部件又采取接地方式，则应归入Ⅰ类器具，而不能算Ⅱ类器具。因此在进行防触电防护检查时，应对具体产品的不同部位进行认真分析，确定好各部位的绝缘结构，并应适当描述记录，以便检查时不被遗漏或误判。

分析方法一般按如下原则进行：

查看电器说明书和标识，确定电器的防触电类别；如果无法从标识和说明书上判定属于什么类别的电器，应根据电器防触电类别的概念，结合电气原理图进行判断；如按上述原则还不能判断，应通过分析电器产品的绝缘结构入手进行分析。一般是对Ⅱ类和0类器具的区别有些困难，对这类电器，如果电器说明书中没有强调说明适合于0类器具使用环境条件下使用，一般应按Ⅱ类器具来判断；对非金属外壳的电器，在没有接地保护的情况下，应注意检查所使用的电器部件的绝缘结构和安装情况，例如开关按图3-19a是可构成Ⅱ类结构。但图3-19b则属Ⅰ类结构。还有一些其他电器部件，要以可触及的部件为准。一些电子线路板上的部件不对构成电器的防触电保护类别有关系的部件不用考虑。

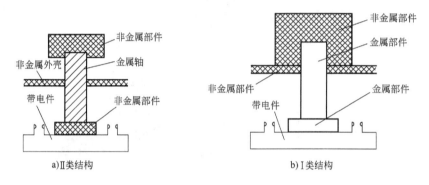

a)Ⅱ类结构　　　　　　　　　b)Ⅰ类结构

图3-19　防触电结构分析

根据上述分析，确定电器的防触电类别和绝缘结构后，还应根据电器的电气原理图，分析电器的实际电气部件连接情况和电气部件在电器中的位置，要根据电器的功能和使用说明确定电器在各种功能情况下电器中各种部件的带电情况，以防漏检；另外还要根据电器的组装结构，掌握哪些部件是不用工具就可拆卸的。

2. 实施检查

在对电器产品防触电检查时，由于各类产品的使用要求会略有不同，因此防触电检查的要求也有些差别。本文以家用电器的防触电检查为主说明一般的方法。

检查步骤与方法：一般防触电检查是将电器产品正常工作条件下用标准试验指（B型，下略）检查，为便于显示试验指是否触及带电部件，试验指外接低压电源，试验指的操作如图3-20所示。

将电器的输入端L-N短接，接于试验线路的L极，而试验指和指示灯接于试验线路的N极。将电器上的各功能开关置于工作状态，用试验指对电器外壳上的开孔等部位进行检查，如指示灯亮则证明试验指触及带电部件。

再将电器中不用工具可拆卸部件拆下，再按上述方法进行检查。如果指示灯亮，则也认为触及带电部件。

对试验指不能进入的弹性孔、开口等应先用试验指甲检查（不连接试验线路），试验指甲施加20N的力，如果能进入开口，则再用连接到试验线路的标准试验指检查，检查时应将试验指进入这些开口中。

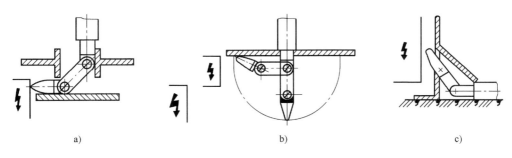

图 3-20 试验指操作示例

用试验销（13 号，下略）检查：用试验指检查后，除Ⅰ类和 0Ⅰ类器具外，要用试验销进行检查。用试验销检查时，样品不用连接到试验线路中，用试验销对电器上的各类开口、缝、孔进行检查，试验销不应碰到带电部件。

用试验棒（41 号，下略）进行检查，除Ⅱ类器具外，带有可见灼热电热元件的电器，还需用试验针检查灼热元件，不应触及带电部件。

绝缘结构检查：主要是对Ⅱ类器具和Ⅱ类结构器具，检查绝缘是否符合双重绝缘或加强绝缘的要求，同时用试验指不能触及仅用基本绝缘隔开的金属部件。

3. 结果判定

检查要符合以下规定：

1）用试验指和试验销及试验棒检查时都不能触及带电部件。

2）对Ⅱ类器具和Ⅱ类结构器具，试验指不能触及基本绝缘。

3）除Ⅰ类和 0Ⅰ类器具外，试验销不应碰到带电部件。

这里需要说明的是带电部件的含义，下述情况不认为是带部件：

1）该部件由安全特低电压供电，且对直流电电压不超过 42.4V、对交流电其电压峰值不超过 42.4V。

2）该部件是通过保护阻抗与带电部件隔开（例如一些触摸控制部件）。但该部件与电源之间的电流（用泄漏电流测量方式测得的）和部件中的电容有相应限制。应注意按 GB 4706.1 的要求检查。

3）在进行防触电检查时，对于在地面上使用且质量超过 40kg 的电器，则不用翻倒或倾斜进行测试，反之其他类电器应注意检查底面的防触电保护情况，可以翻倒或倾斜检查。

4）对于嵌装式电器、固定式电器和以多个分离组件形式交付的电器，在就位或组装前，其带电部件至少应由基本绝缘加以防护。

习　题

一、思考题

1. 电器对人体造成电击的原因有哪些？怎样进行防护？

2. 对产品设计应考虑的 3 个原则是什么？

3. 0 类器具、Ⅰ类器具、Ⅱ类器具的防电击保护设计的两道防线各是什么？

4. 各类绝缘的电气强度在工作状态下和潮态下分别是多少？

5. 各类绝缘的泄漏电流在工作状态下和潮态下分别是多少？

6. IEC 60335-1 对接地保护有哪些要求？体现在哪些条款中？

7. 基本绝缘、附加绝缘、加强绝缘的电气间隙、爬电距离的要求有什么不同？

8. 家用电器的过电压类别是多少？

9. 试验指碰到Ⅱ类器具的基本绝缘，但不能碰到带电部件，防触电结构检查是否合格？

10. IEC 60335-1 对接地端子有什么要求？

11. 如果某厂准备生产一小型信息家电，因为体积原因电器间隙达不到标准要求，开发部门又认为是安全的。如果你是实验室人员，你怎么检测并做出符合标准的结论？

二、实操题

1. 对某一个电器进行绝缘电阻检验。

2. 根据 GB 4706.1 第 13 章的要求，对某一个电器进行电气强度检验，判断其合格性。

3. 根据 GB 4706.1 第 16 章的要求，对某一个电器进行泄漏电流检验，判断其合格性。

4. 根据 GB 4706.1 第 27、28 章的要求，对某一个电器的接地电阻值、接地端子进行检验，判断其合格性。

5. 根据 GB 4706.1 第 29 章的要求，对某一个电器的电气间隙、爬电距离、绝缘厚度进行检验，判断其合格性。

6. 根据 GB 4706.1 第 8 章、第 22 章的要求，对某一个电器的防触电保护及结构进行检验，判断其合格性。

7. 对实验室电风扇进行防触电检测。（提示：注意电风扇运行过程中的最不利状态）

Chapter 4

第4章 温度检验

4.1 温度检验概述

4.1.1 试验目的

家用电器产品在正常使用中都会发热导致器具本身及其周围环境温度升高。电动器具的发热主要是由线圈、绕组、铁心引起。当电流通过线圈、绕组时，由于线圈、绕组中存在电阻消耗功率，该功率会以热量的形式散失掉；铁心在交变磁场中产生涡流，导致功率损耗，这部分功率损耗也以热量的形式散失掉。上述这些由于功率损耗而产生的热量，不是人们所需要的，但都是在电动器具正常工作时不可避免的，因此称之为非功能性发热。电热器具是利用发热体发出的热量来完成一定的功能，达到一定的目的，是按人们的意愿来发热的，因此称之为功能性发热。这种发热除了能实现一定的功能外，也对周围环境造成不良的影响。

家用电器的发热试验，主要是评价产品发热所造成的不良影响，避免过热和着火危险的发生。

家用电器发热所造成的影响主要有以下几方面：

1）影响绝缘的使用寿命。电气绝缘材料都有相应的最高容许工作温度，通常称为绝缘的耐热温度，在此温度下长期工作时，绝缘材料的电性能、力学性能和化学性能不会显著变坏。如超过此温度，则绝缘材料性能迅速变坏或引起快速老化，大大缩短绝缘材料的使用寿命。一般地说，绝缘使用温度超过额定值8℃时，其寿命将缩短一半，严重时还可能着火燃烧。

2）影响电气元件的正常使用。电气元件在使用中要符合其额定电气参数、安装条件等要求，还要符合其使用环境条件。电气元件如果按常温环境使用进行设计，那它就不能在高温环境下使用。当它在高温环境条件下使用时，它的功能会受到影响，严重时甚至不能工作，其安全性受到破坏，很容易引起触电事故。如果电气元件适应在高温环境条件下工作，则在元件上会有相应的环境温度标志，通常称为T标志。例如T85表明该元件适合于在温度为85℃以下的环境条件下工作。

3）塑料受热变形。塑料材料在某一温度点以下的环境温度条件下工作时，其物理性能、力学性能不会发生明显的变化，具有足够的刚性和机械强度，能满足设计的使用要求。作为外壳使用时，具有固定作用，能保持被支撑件的位置不会发生变化。当温度升高达到某一温度值后，塑料材料会软化变形，甚至熔化。当塑料件出现软化变形后，被支撑件的位置发生变化，导致器具存在危险，这是不允许的。因此不允许塑料件在较高温度的环境下工作。

4）外表面温度过高。当家用电器外表面温度过高时，会引起危险，例如，人身触及外表面会对人身造成伤害；电线电缆等碰到外表面时，其绝缘被损坏，形成触电隐患。因此，为了安全，家用电器外表面的温度不能过高。

5）造成周围环境过热。器具的发热，通过空气对流、辐射等作用将热量传递到周围的空气中和物体上。周围的空气和物体吸收热量温度升高，当温度升高到一定程度时，就会造成烫伤、变形甚至着火等危险。

由于器具发热后温度升高会造成上述不良影响，因此在设计时就要考虑到，在最大限度地发挥器具使用功能的同时，要对其发热加以限制，使其温度不会升高到有害的程度。设计是否合理，是否达到上述目的，最终要通过试验进行验证，即通过试验测量上述各部分的温度，以此判断温度是否会过高，是否达到对器具本身、对周围环境有害的程度。

4.1.2 温度检验的标准化检验方法

根据试验要求，家用电器温度测量常用电阻法、热电偶法、温度计法以及非接触式测量法，这几种方法的特点及适用范围见表4-1，一般情况下，要根据检验要求选用最合适的测量方法。

表4-1 几种温度测量方法的特点及适用范围

测量方法	特点及适用范围
电阻法	常用于测量带绕组的电器部件,如电动机、变压器等 测量的不是最热点温度,而是绕组的平均温度 测量准确度高

（续）

测量方法	特点及适用范围
热电偶法	适用于非绕组的部位温度测量,如手柄、部件外壳、端子等 适用于要求记录连续测量数据的场合,如非正常工作时的温度曲线 测量的是被测点的温度,可以判别最热点 采用热电偶与测量仪器组成的测量系统,设备价格高 可以同时进行多点测量,可以自动记录连续温度变化曲线,节省人工,效率高
温度计法	适用于测量个别部位或特殊点温度 常用于监测环境温度 测量准确度低
非接触式测量	适用于高温或特殊不易触及的部位的温度测量 使用方便,即时获得测量结果 测量准确度中等

以上 4 种方法在温度检验中都会用到,下面分别介绍电阻法和热电偶法。

1. 电阻法

（1）测量目的　当电动机的转子采用绕组结构时,如串励电动机、直流电机等,为验证转子绕组设计是否符合要求,避免转子绕组的绝缘因在高温下工作而缩短使用寿命,对转子绕组的温升也要进行测量。由于转子在工作时转动,转子绕组也在转动,其绕组电阻的测量与定子绕组或固定式线圈不同,不能通过引线进行测量。通常的做法是在换向器的某一换向片上钻一小洞,作为测量标记,然后在连接该换向片的绕组另一端的换向片上也钻一小洞,测量这两个小洞间的电阻,即为该两换向片连接的绕组的电阻,测量时要注意提起电刷,使其不会造成相邻两绕组形成并联。

冷态电阻测量时,由于电阻不会随时间变化,故不受测量时间的影响。热态电阻的测量,由于断电后绕组电阻下降很快,必须尽快测出绕组的热态电阻,试验人员的相互配合以及试验操作的熟练程度就显得很重要,测量前要做好所有相关的准备工作。切断电源后首先要设法让电动机停止下来,然后打开外壳或端盖,并提起电刷,将测量仪器连接到作为标志的两个小洞上,读取其电阻值,记录读数。同时,从切断电源起,要有专人记录每个电阻读数对应的时间。这种测量方法通常花费时间较长,因此要在几个短时间内读取相应的电阻值,以便进行断电瞬时绕组电阻的推算,否则测量结果会存在较大误差。

（2）用直流电桥测量　通过测量绕组电阻测量温升,很多情况是用直流电桥测量,图 4-1a 是惠斯顿电桥原理图,图 4-1b 是某型号的惠斯顿电桥外观。试验时,被测绕组通电运行,使绕组发热。试验结束时,切断被测绕组电源,并将电桥的测量端连接到被测绕组的两端,通过迅速调节平衡电桥,使指零仪重新指零,此时电桥平衡,被测电阻 R_x 的值为倍率×测量盘示值,测量得到此时绕组的电阻值,供计算绕组温升用。

用这种方法进行测量时,必须切断绕组电源后再进行测量,由于平衡电桥需要一定的时间,而被测绕组在切断电源后温度随时间的延长在不断下降,电阻也在不断变化,因此应尽快调节平衡电桥,测量出绕组电阻值,否则会因测量时间过长,温度下降过多,使测量结果偏离实际情况。在测量前对被测绕组的电阻进行估算,预先调节电桥,可大大缩短调节平衡电桥的时间,提高测量准确度。

用这种方法进行测量时,要注意如下两点:

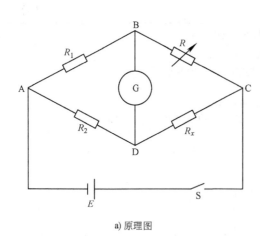

a) 原理图

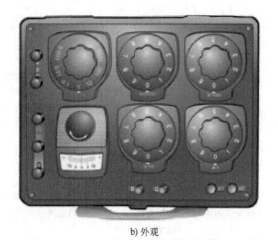

b) 外观

图 4-1　惠斯顿电桥

1）测量电动机的绕组电阻时，在切断电源后由于惯性作用，电动机仍在转动，在绕组中会产生反电动势，此反电动势施加在电桥上会使电桥的指针左右抖动，严重时会损坏电桥，因此，在切断电源后测量前应尽快使电动机停止转动，消除反电动势的影响。

2）在将电桥测量端连接到被测绕组两端时，要确定已切断绕组的电源，否则，施加在被测绕组上的电源电压通过测量线引入电桥，会使电桥烧毁，甚至会导致测量人员触电危险。

测量绕组的冷热态电阻时，要用同一台电桥进行，以消除不同电桥间的误差对测量结果的影响。

（3）电阻法计算公式　从物理学知道，一般金属导体都具有一定的电阻温度系数，其电阻率随温度上升而增加，电阻法测量就是利用导体电阻随温度变化的这一特性来实现温度间接测量的方法。

如果已分别测出常温和发热状态下绕组线圈的电阻值，则绕组线圈平均温升值可由式（4-1）计算

$$\Delta t = \frac{R_2 - R_1}{R_1}(k + t_1) - (t_2 - t_1) \tag{4-1}$$

式中　Δt——绕组温升（K）；

　　　R_1——试验开始时的绕组电阻（Ω）；

　　　R_2——试验结束时的绕组电阻（Ω）；

　　　t_1——试验开始时的环境温度（℃）；

　　　t_2——试验结束时的环境温度（℃）；

　　　k——对铜绕组取 234.5℃，对铝绕组取 225℃。

因此，只要确定发热状态下绕组的电阻值，就能确定绕组的温升值，这时温度的测量就变成了电阻的测量。

电阻法测量能准确地测量电器绕组的平均温升，适用于带绕组的电器，如电动机、变压器、带线圈的控制器和开关等。电阻法测量也是家用电器温度测量最基本、最常用的方法。

案例1：可调档位类电器的绕组由几个绕组串联而成，此类电器的绕组电阻应该怎么

测量?

案例分析：由于进行温度检验时，温升过程时间较长，部分测量人员为了节约时间，只测量总绕组的电阻。这样的测试结果会比实际结果偏低，遇到可抽头式由几个绕组串联而成的绕组，应该每部分分别测量。

案例2：由于市面上铜绕组被用户接受程度较高，而铝绕组成本较低，故有个厂家利用"铜包铝"技术生产绕组，既绕组所用金属线内层为铝，而表层为铜。这类绕组的 k 值应该怎么取？

案例分析：根据公式可以很容易地得到结论：如果 k 值取铜绕组的值（234.5），则测量值会比实际值高，如果取铝绕组的值（225），则测量值会比实际值低。有人提出取二者的平均值，有人提出按照铜和铝的含量百分比取加权平均值。在现实检验室，根据最不利原则（检验应置于对工厂最不利的状态，找出最可能不安全的地方），遇到这种无法确认比例的情况，可取 k 值为铜绕组的值（234.5），对工厂严格要求。

2. 热电偶法

热电偶具有构造简单、适用温度范围广、使用方便、承受热和机械冲击强以及响应速度快等特点，常用于高温、振动冲击大等的恶劣环境，还适用于微小结构测温场合；但其信号输出灵敏度比较低，容易受环境干扰信号和前置放大器温度漂移的影响，因此不适合微小的温度变化测量。

热电偶用两种不同成分的金属导体做成，两种不同成分的均质导体形成回路，直接测温端叫测量端，接线端子叫参比端，当两端存在温差时，就会在回路中产生电流，在两端之间就会存在 Seebeck 热电动势，即赛贝克效应。热电动势的大小只与热电偶导体材质以及两端温差有关，与热电偶导体的长度、直径无关。图 4-2 是热电偶的工作示意图，两种不同的金属在测量端焊接在一起，常温端连接测试仪表，由于测试端与常温端存在温差，测量仪表则可检测到回路中的热电动势，并换算成温度显示。

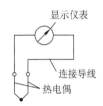

图 4-2 热电偶工作示意图

（1）热电偶的选择

1）**热电偶的分类。**常用的热电偶有以下三种：

a. 铁/铜镍热电偶：分度号为 J，测温范围为 $-40 \sim 750℃$，它具有稳定性好、热电动势大、灵敏度高和价格低廉等优点，是家用电器温度测量中用得最多的热电偶。美国 UL 标准规定优先采用 J 型热电偶。

b. 铜/镍铜热电偶：分度号为 T，测温范围为 $-200 \sim 350℃$，它具有热电性能好、热电动势与温度关系近似线性、热电动势大、灵敏度高和复制性好等优点，是一种准确度高的廉金属热电偶。

c. 镍铬/镍硅热电偶：分度号为 K，测温范围由 $0 \sim 1300℃$，它具有热电动势与温度关系近似线性和热电动势大等优点，是家用电器中测量高温用的热电偶。

2）**热电偶的选用。**为取得准确的测量结果，选用热电偶时可考虑以下几个因素：

a. 根据检测的温度范围选用热电偶型式。由于各类型热电偶的热电特性不同，最好用在其线性段的范围内，同时各型热电偶还有使用的最高温度限值。对家用电器温升和非正常试验，一般部位的温度测量选用 T9 或 Js 热电偶均可，但 T 型热电偶传热快，对热容量小的样品可能会带走部分热量使实测值偏低，此时，选用 J 型比较好。可能鉴于这一因素，在美国 UL 标准中均推荐 J 型热电偶。测量电热器具的高温部位温度，如发热体，则建议选用 K 型热电偶。

b. 根据检测容差范围选用热电偶。同一类型不同等级的热电偶测量允许误差不同，同一等级不同类型的热电偶测量允许误差也不同，如果要求热电偶本身误差在 0.5℃ 范围内，则选用 I 级 T 型热电偶。一般地说，T 型热电偶测量误差要比 J 型和 K 型小，而 J 型和 K 型基本相当，实验室内使用时，最好购置 I 级热电偶。

c. 根据安装特点选用热电偶。不同规格的热电偶，其传导速度、响应速度、安装及机械强度不同。家用电器中一般建议选用 0.250（AWG30）~ 0.450mm（AWG25）范围内的热电偶。细的热电偶容易折断，且热电偶直径越细，其所使用的温度越低。T 型热电偶直径与最高温度关系见表 4-2。

表 4-2　T 型热电偶不同规格对应的最高温度

直径/mm	使用最高温度 /℃	
	长期	短期
0.2 ~ 0.3	150	200
0.5 ~ 0.8	200	250
1.0 ~ 1.2	250	300
1.6 ~ 2.0	300	350

d. 根据被测点的温度选用热电偶绝缘层的材料。热电偶外层绝缘材料的耐温等级也限制了热电偶的使用范围。常用绝缘层与护套材料有聚氯乙烯、无碱玻璃丝带及聚四氟乙烯。聚四氟乙烯可长期运行在 150℃ 温度下。对高温场合最好选用铠装热电偶，以降低对绝缘材料的要求。同样由于耐温原因，K 型热电偶一般采用铠装结构。

e. 根据热电偶类型选用记录仪表。为测量热电偶测量端的热电动势，要配用某种形式的记录仪表，如电位差计、图标记录仪和数据采集系统等。无论采用哪种类型的仪表，它都必须有与热电偶类型所对应的记录功能，因为记录仪表的运算基础是热电偶的热电动势多项式。如前所述，不同类型热电偶的热电动势多项式是不同的，一定要与热电偶配对使用才能得到准确的结果。

f. 根据测量要求选用补偿导线。在实际测量过程中，测量仪器与被测点之间可能有一定距离，如果直接用热电偶引到记录仪表，可能很不经济，特别是多点测量时，这时可以另接延长导线或补偿导线。补偿导线是在一定温度范围内具有与所匹配的热电偶的热电动势标称值相同的一对带有绝缘层的导线，用以连接热电偶与测量装置，以补偿它们与热电偶连接处的温度变化所产生的误差。补偿导线分延长型（字母 X 表示）和补偿型（字母 C 表示）两种。补偿导线的负极绝缘层颜色为白色，其正极绝缘层颜色依配用热电偶类型不同而不同。如用于 J 型热电偶的延长导线（型号为 JX）正极为黑色；用于 T 型热电偶的补偿导线（型号为 TC）正极为棕色；用于 K 型热电偶的延长导线（型号为 KX）正极均为绿色。补偿线的绝缘层耐温有 G 级（100℃）和 H 级（200℃）两种。

（2）热电偶的固定　GB 4706.1 规定：除绕组温升外，其他部分的温升用细的热电偶测量，热电偶放置的位置应使其对受试部件温度的影响为最小。

用热电偶进行温度测量时，要将热电偶紧贴在被测点上，接触良好，使热电偶能充分感受到被测点的温度，真实地反映被测点的温度。同时，又要避免因热电偶的固定使被测点的散热条件或受热条件发生变化，改变被测件的温度。因此固定热电偶的测量端时，既要使其与被测表面之间有良好的热传导性，又要尽可能不影响被测点的温升。

（3）数据的记录和处理

1）记录热电偶安装点的位置。为了追溯检验结果，应在记录上画下各安装点的详细位置图，并注明热电偶的编号。对单点安装表面，至少也应用文字予以说明。

2）数据格式确定。热电偶测温数据可以采用人工记录、利用仪器打印数据表格，或是利用仪器打印连续温度曲线等方法，具体可根据检验要求和配置的仪器确定。对非正常工作试验数据最好用图表记录仪绘制其温度曲线，以供评价时使用。

3）曲线图处理。采用图表记录仪记录的温度曲线也是原始记录，在图上要标明热电偶序号和试验时间等参数，并跟随数据记录汇总存档。

根据曲线图，可以评价器具某一部位的最高温度点，取该部位埋置的若干支热电偶中温度最高者。

4.1.3　温度检验的试验条件

1. 测试角

有些器具进行温度试验时，器具要放置在规定形状和尺寸的测试角内，典型的测试角如图 4-3 所示。该测试角由两块直角的边壁、一块底板组成，有可能还需要一块顶板。测试角的边壁或底板均由涂有无光黑漆的 20mm 厚胶合板制成。

为了测量测试角内壁的温度，在内壁上加工一定数量的 $\phi15mm \times 1mm$ 的孔，供放置测温热电偶用。热电偶可以粘贴在铜或黄铜制成的涂黑小圆片的背面，该小圆片尺寸为 $\phi15mm \times 1mm$。

2. 样品状态

对不同的器具规定了不同的状态。

1）手持式器具：按正常使用位置，悬挂在静止空气中。

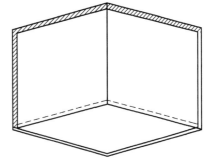

图 4-3　测试角

2）嵌装式器具：嵌入测试角内，嵌入程度根据器具的使用状态决定。

3）电热器具：置于测试角内，放置方法与器具使用方式有关。

4）电动器具：置于测试支架上，放置方式与器具使用方式有关。

总之，在检验时尽可能还原器具的实际使用状态，如图 4-4 所示，一般的器具置于测试角，手持式器具应悬挂在空中，如图 4-5 所示。

3. 工作状态

1）电热器具：所有热元件均接入，在充分放热条件下进行，试验电压取输入功率达到1.15 倍最大额定输入功率时所对应的电压值。

2）电动器具：取正常负载 0.94～1.06 倍额定电压中最不利的电压下进行，特别要注意正常负载的定义，对具体产品而言，正常负载可能很不相同，要按照产品的特殊安全要求标

| 图 4-4　电热类器具放置状态 | 图 4-5　手持式器具悬挂装置 |

准确定。比如废食处理机的正常负载是指处理机被装入 30 块边长为 12mm ± 2mm 的立方体软松木块、水流流速为 8L/min 工作时状态。很大一部分小家电产品都有类似情况。

　　3）电动电热组合器具：以 0.94 ~ 1.06 倍额定电压之间的最不利电压供电，在正常工作状态下工作。

4. 测量部位

所有列入 GB 4706.1 表 3 范围内的温度全部都要测量，除器具不适用的测量点外。对必须拆卸器具才能安装热电偶的，在器具装配复原后，应再一次测量输入功率，以检查装配是否正确。

5. 工作时间

根据器具的工作确定温度试验时间，一般情况下，有 3 种可能的工作制：

　　1）短时工作制：温度试验在额定工作时间运行结束时测量温度。

　　2）连续工作制：温度试验按连续运行直至达到稳定状态为止。

　　3）断续工作制：按连续工作循环运行直至稳定状态为止。

非正常工作试验情况比较复杂，其工作时间按产品的特殊安全要求标准规定时间进行。

6. 非正常工作状态

器具的结构应使其可消除非正常工作或误操作导致的火灾危险、有损安全或电击防护的机械性损坏。电子电路的设计和应用，应使其任何一个故障情况都不对器具在有关电击、火灾危险、机械危险或危险的功能失常方面产生不安全。

　　1）带有电热元件的器具：器具无控制器，在 0.85 倍和 1.24 倍正常工作功率的电压下进行试验；器具有控制器，提供 1.15 倍输入功率，温度控制器短路状态下工作。

　　注：如果器具带有一个以上的控制器，则它们要依次被短路。

　　2）带有电动机的器具：通过以下手段让器具在失速状态下工作：如果转子堵转转矩小于满载转矩，则锁住转子；其他的器具锁住运动部件。

非正常工作状态情况复杂，其工作状态的试验方法以 GB 4706.1 或产品的特殊安全要求标准规定为准。

4.2 温升检验

4.2.1 温升检验的相关标准

1. 制定温升检验标准的目的

绝缘材料在温度的作用下，其电气性能会发生一定的变化。在温度较低时，电气性能变化较慢，随着温度的升高，变化速度加快，而且电性能随之变差。当温度升高到一定程度之后，电气性能急剧变坏，以致最后失去绝缘功能。对不同的绝缘材料，使绝缘性能发生急剧变化的温度点不同。经过对绝缘材料试验可知，某一种绝缘材料的绝缘性能随温度及时间变化的关系曲线，在某一温度以下，绝缘性能变化非常缓慢，当温度超过此温度值以后，绝缘性能变化加快。为了保证在使用时绝缘材料的电气性能不会发生质的变化，有必要规定绝缘材料使用的极限温度，只要绝缘材料的温度不超过此极限温度，它就能长期工作而绝缘性能不会发生质的变化。例如，A 级绝缘材料的耐热极限温度为 105℃，E 级绝缘材料的耐热极限温度为 120℃，如果不超过此温度，绝缘材料可以长期工作。

电动机工作时，由于绕组电阻的存在，电流流过绕组时，绕组引起功率消耗，称之为铜耗，这部分功率消耗全部转化为热能散失掉。电动机的绕组和铁心在热能的作用下温度会升高，绕组和铁心的温度升高之后，与环境的空气温度之间存在温差，由于热传递的作用，热量从温度高的绕组和铁心中传递到空气中。绕组和铁心的温度与空气温度之间的温差越大，热量传递越快。因此在电动机开始工作的最初阶段，在铁耗和铜耗的作用下，绕组和铁心的温度不断升高，在温度升高后，散热加快。经过一段时间之后，发热与散热达到平衡，绕组和铁心的温度保持稳定，不再升高。而散热速度的快慢主要与绕组和铁心与空气之间的温差有关，与空气在其表面流过的速度有关，在一定的空气温度范围内，可以认为与空气温度无关。当电动机在一定的负载条件下工作时，铁耗和铜耗一定，即发热量一定，在散热条件不变时，即绕组和铁心与空气之间的温差不变。这个温差就是电动机绕组和铁心的温升。

由此可知，在散热条件不变时，电动机绕组和铁心的温升仅与电动机的工作负载有关，而与环境空气温度无关。若电动机的工作负载一定，则温升也不变。

从上述的讨论可知，电动机在一定的负载和散热条件下工作时，绕组的温升是一个定值，此时绕组的温度等于绕组温升加上工作时的环境温度。为了保证绕组绝缘所经受的温度不超过绝缘的温度极限，要求绕组的温升极限值等于绝缘耐热的温度极限值减去工作时的环境温度。只要绕组温升不超过绕组的温升极限值，绕组绝缘就不会受到超过其耐热极限值的温度的作用，绝缘就能长期工作。例如，对于 E 极绝缘，绝缘的耐热极限温度为 120℃，当在 40℃ 的环境温度下工作时，允许的温升限值为 120℃ – 40℃ = 80℃（80K），而当它在 25℃ 的环境温度下工作时，允许温升极限值则为 120℃ – 25℃ = 95℃（95K）。即是说绝缘允许的温升极限值与环境温度有关，环境温度越高，允许的温升极限值就越低。

另外，由于测量得到的温度总与绕组中最热点的温度存在差别，而最热点的温度才是判断绝缘能否长期工作的关键，所以，绕组实际所允许的温升极限值还要在上述极限值的基础上再减去这个由测量造成的差值。根据经验，对 A 级和 E 级绝缘，用电阻法测量时，这个差值估计为5℃。

例如，一台 E 级绝缘的电风扇电动机，在一定的频率、电压和转速下工作时，用电阻法测量得到绕组温升为80K（80℃）。即是说它的负载条件和散热条件不变，根据上述讨论可知，此电风扇无论在什么环境温度下工作，其绕组温升始终为80℃（最高点温升85℃）。当它在25℃的环境温度下工作时，其绕组的温度为80℃ +5℃ +25℃ =110℃，小于 E 级绝缘的耐热极限温度，可以长期工作。当它在40℃的环境下工作时，其绕组的温度为80℃ +5℃ +40℃ =125℃，大于 E 级绝缘的耐热极限温度，不能长期工作。

2. 标准对温升检验的试验方法和测量点的规定

GB 4706.1 第13章规定了温升试验的试验方法。

除绕组温升外，温升都是用埋置细丝热电偶的方法来确定，以使其对被检部件的温度影响最小。

GB 4706.1 明确规定了试验时要进行温升测量的元件、材料及环境，实际试验中，还要确定具体测量点，即热电偶的放置点。确定测量点时，可以根据热交换的 3 种方式（传递、对流、辐射）进行考虑，尤其是传递、辐射的影响。例如要确定一个元件的测量点，首先要考虑该元件是否与较热的部件接触，如果有，则接触处是一个测量点；其次要考虑该元件是否受到直接发热体或间接发热体的热辐射作用，如果是，受辐射的面也是一个测量点。对位置相对固定的塑料件、绝缘材料可以按上述方法考虑。

对内布线的绝缘等，在确定测量点时，除按上述方法考虑外，还要注意这些绝缘在正常工作中是否会接触到较高温度的部件，如果会，则具有较高温度部件的可接触处就是这些绝缘的测量点。

对于器具外表面、周围环境的温升测量点，可以通过对热源位置的分析、通电发热后用手触摸感觉以及经验积累确定最热点，作为测量点。

GB 4706.1 表3 还规定：除绕组绝缘温升外，其他电气绝缘的温升是在其绝缘体的表面上来确定，其位置是故障能引起短路、带电部件与易触及金属部件接触、跨接绝缘或减少爬电距离或电气间隙到低于规定值的部位；多芯软线的各股芯线分叉点和绝缘电线进入灯座的进入点等。

例如，电器选择以下部位布置热电偶：器具插座上的插脚；固定式器具的外导线接线端子（包括接地端子）附近；开关及温控器周围；内、外布线的线束汇集处；电源线护套；电源线各股线分叉处；电源线滑动触头；损坏会影响安全的天然橡胶垫；灯座；保持带电部件的绝缘件；靠近电热元件的绝缘件；电容器表面；无电热元件器具的外壳；手柄、旋钮等易触及的部件；与油接触的零件；其损坏有可能会造成带电部件外露的外壳件；其他认为温升高有危险的部件；测试角及其他测试箱的部位。

4.2.2　温升检验的规范流程及结果判定

由前述可知，在电器的温升检验中，可分为绕组法和热电偶法两种检验方法。

其中热电偶法相对简单，按规定（GB 4706.1 表3）在各个部位布置热电偶，记录温升检验前后的温度即可，本书不再赘述。以下是利用绕组法测量电风扇温升的规范流程的说明。

利用绕组法进行温升检验可分为测量冷态电阻、器具发热、测量热态电阻等 3 个步骤。

1. 测量冷态电阻

温升计算公式中，冷态电阻是基于绕组处于环境温度下测量得到的电阻值，只有在这一条件下，测量结果才是准确的。一般型式检验要求的环境条件为在无强制对流空气且环境温度为20℃±5℃的试验场所，若有疑问时，环境温度保持在23℃±2℃。

为了使绕组温度与环境温度达到平衡，测量绕组在此环境温度下，放置时间要足够长，绕组铁心越大，放置时间就越长。例如为了试验，不能把被试样品从温度较高的房间拿到温度较低的房间后马上进行冷态电阻的测量，并记录此时的环境温度作为试验开始时的温度，因为这时绕组的温度绝对不会是房间的环境温度，势必会造成测量误差。正确的做法是预先将被试样品放在进行试验的房间内，时间足够长，使被试样品与所处环境达到温度平衡，再进行绕组电阻和环境温度的测量。或者在将被试样品拿到试验的房间之前，先进行绕组电阻的测量，并记录此时所处环境的温度作为试验开始时的温度。冷态电阻测量必须与热态电阻测量使用同一台仪器。

注： 一般情况下，我们认为放置4h以上，被检样品温度与环境温度保持一致。此时热电偶法同时进行，在各个需要测量的位置布点，并记录环境温度为初始温度。

2. 器具发热

在进行完冷态电阻的测量后，按照GB 4706.1中11.4～11.7的规定，使器具正常工作、发热。标准对持续工作时间没有明确规定，只说明了要一直延续至正常工作时最不利的时间。

一般情况，在进行温升检验发热这个步骤时，按被检器具的不同分类做不同处理：

1）连续工作器具：连续工作器具在正常使用时可以长时间工作，故进行发热步骤时应持续到温度不再上升为止。进行温升检验时，可观察各个热电偶的温度情况（特别注意，在绕组表面必须布点，而且作为重点监测对象），到监测温度较长时间不再变化时认为此步骤结束。如监测绕组表面温度30min变化不超过0.5K，则认为已经工作到最不利的时间。

2）断续工作器具：断续工作器具都有定时器，进行该步骤时一般认为连续工作3个最大周期为最不利的时间，如洗衣机连续进行3次洗涤。

3）短时工作器具：短时工作器具只需工作至定时器（或说明书）规定的最长工作时间。

注： 本书其他章节如有使器具充分发热的要求，皆指满足上述要求。

3. 测量热态电阻

达到最不利工作时间后，立刻进行热态电阻的测量。并同时记录环境温度和各个位置热电偶的温度，并计算温升。由于热电偶读数较快，且在发热过程中需一直观测，故可在达到最不利时间前进行记录。

测量热态电阻的方法与测量冷态电阻一致，需注意以下方面：

1）测量热态电阻前必须断电，并保证电动机停转。必要时可用手动方式使电动机停转。

2）热态电阻的测量必须尽快完成，一般要求在20s内完成测量。因为断电后绕组温度下降得非常快。必要时参照下面给出的方法进行推算。

在断开开关后和其后几个短的时间间隔，尽可能快地进行几次电阻测量，以便能绘制一条电阻对时间变化的曲线，用其定出开关断开瞬间的电阻值。测出断电后绕组电阻对应时间变化的几组数据，可以通过计算法或作图法得到断电瞬间的绕组电阻值，从而可以准确计算出绕组的温升。

以下简单介绍作图法。

热态电阻对时间的冷却曲线一般可以用坐标纸绘制，以每次测得的电阻对数值为纵坐标，以相应的离断电瞬间的时间间隔为横坐标绘出 $R=f(t)$ 曲线，再从最初的时间间隔点的切线延长与纵轴相交点取得温升试验结束、断电瞬间的热态电阻 R_2，然后据此数值计算温升。例如温升试验结束时，电动机转子绕组电阻随时间变化的测量数据见表4-3。热态电阻随温度变化的曲线如图4-6所示。因此可以得到，断电瞬间（即 $t=0$ 时）绕组电阻为18.20Ω。传统的曲线手工在坐标纸上绘制，准确度可能因人而异。

表4-3　电动机转子绕组电阻随时间变化的测量数据

R/Ω	17.98	17.80	17.57	17.25	16.83
t/s	20	25	30	35	40

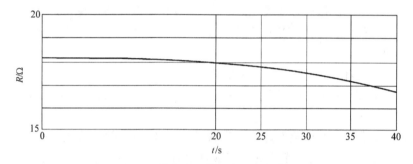

图4-6　热态电阻值温度变化的曲线

4. 温度检验的结果判定

测量温度以不超过 GB 4706.1 第11章表3给出的限定值为合格。表4-4列出了各绝缘等级绕组的温升要求。我国电器上使用的绝缘材料如未标注，都为E级绝缘。

表4-4　各绝缘等级绕组最高温升

绕组绝缘等级（按照 IEC 60085 规定）	温升/K	绕组绝缘等级（按照 IEC 60085 规定）	温升/K
A 级	75	H 级	140
E 级	90	200 级	160
B 级	85	220 级	180
F 级	115	250 级	210

其他部分的温升限值应根据被检器具的实际情况查表得到。如电风扇的温升检验需测量部位和限值可填入表4-5。

4.2.3　温升检验常见不合格案例与整改

在温升检验中，最常见的不合格案例是电动器具的电动机温升过高。出现这种情况一般有两种原因：一是部分工厂为节约成本，电动机铁心太薄，造成电阻过大，温升太高；二是缺少热熔断体，造成器具在热保护断电时却没有断电，温度持续升高。

图4-7为铁心厚度示意图，图4-7a 铁心太薄，图4-7b 厚度符合要求。出现这类情况应建议厂家更换电动机或增加铁心。图4-8为拆开后找不到热熔断体的示意图，这种情况随

表 4-5 电风扇温升检验部位及限值

	表格:温升测量		P
11.8	t_1:_____℃		
	t_2:_____℃		
	试验电压:_____ V		

测量部件(部位)	实测温升/K	限定温升/K
电源线交叉点		50
电源线绝缘护套		35
内部布线		50
电容器外表面		20
开关环境		30
旋钮		60
控制面板		60
电动机绝缘外壳		GB 4706.1 第 30 章规定值
测试角壁		65
闭路端子		GB 4706.1 第 30 章规定值

绕组温升测量

$\Delta t = \dfrac{R_2 - R_1}{R_1}(234.5 - t_1) - (t_2 - t_1)$	R_1/Ω	R_2/Ω	实测温升/K	限定温升/K	绝缘等级
风扇电动机绕组					E

着工作时间的延长,极易出现温升检验不合格。出现这种情况应在电动机内加装符合要求的热熔断体,如图 4-9 所示。

a)   b)

图 4-7 铁心厚度图

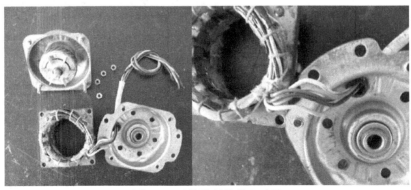

图 4-8 无热熔断体的电动机

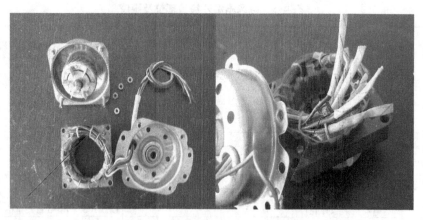

图 4-9　加装热熔断体后的电动机

4.3　非正常工作检验

4.3.1　非正常工作检验的相关标准

电器在用户使用的过程中，会出现各种各样的意外，当电器某一方面出现故障偏离正常工作状态时，称为非正常工作状态。器具的结构，应使其可自行消除非正常工作或误操作导致的火灾危险、有损安全或电击防护的机械性损坏。

GB 4706.1 第 19 章对非正常工作检验做出了规定，从电热元件、电动元件和电子元件等 3 方面规定了非正常工作检验的试验条件、试验方法等内容。

依据标准制定的目的，要保证器具在正常工作或单一故障的条件下安全，我们进行非正常工作检验时，如非必要，每次只设定一个故障。如果对同一个器具适用一个以上的试验，则这些试验要顺序地在器具冷却到室温后进行。

1. 电热元件器具非正常工作检验

（1）试验条件　带电热元件的器具，在发热试验规定的条件下，但要限制其热散发来进行试验。图 4-10a 为器具原图，图 4-10b 为利用石棉覆盖限制其散热。

a)　　　　　　　　　　　　　　b)

图 4-10　电热器具限制散热图

（2）试验电压

1）在试验前已确定的电源电压为在正常工作状态下输入功率稳定后提供85%额定输入功率所要求的电压。此电压在整个试验中保持不变。

2）再重复一次试验，但试验前已确定的电源电压，为在正常工作状态下输入功率稳定后提供1.24倍额定输入功率所要求的电压。此电压在试验中一直保持。

（3）试验方法　若器具带有控制器，而这些控制器在发热试验期间起限温作用，则这样的器具要在规定的试验条件和试验电压下，用来限制温度的任一控制器在被短路的情况下进行试验。

如果器具带有一个以上的控制器，则它们要依次被短路。

装有带管状外鞘或埋入式电热元件的0I类和I类器具，要重复一次试验。但控制器不短路，而电热元件的一端要与其外鞘相连接。

以器具电源极性颠倒和在电热元件的另一端与外鞘相连的情况下，重复第二次试验。

打算永久连接到固定布线的器具和在试验期间出现全极断开的器具不进行此试验。

带PTC电热元件的器具，以额定电压供电，直到有关输入功率和温度的稳定状态建立。然后，将PTC电热元件上的电压增加5%，并让器具工作直到稳定状态再次建立，重复这一试验，直到PTC电热元件上的电压达到1.5倍的额定电压，或直到电热元件破裂，二者取决于哪一情况最先发生。

除非另有规定，否则试验一直持续到一个非自复位断路器动作，或直到稳定状态建立。如果一个电热元件或一个故意设置的薄弱零件成为永久性开路，则要在第二个样品上重复有关试验。除非第二次试验以其他方法满意地完成，否则应以同样的方式终结。

2. 电动机器具非正常工作检验

（1）堵转试验

1）通过下述手段让器具在失速状态下工作：

a. 如果转子堵转转矩小于满载转矩，则锁住转子。

b. 其他的器具锁住运动部件。如果器具有一个以上的电动机，该试验在每个电动机上分别进行。

c. 带有电动机，并在辅助绕组电路中有电容的器具，让其在转子堵转，并在每一次断开其中一个电容的条件下来工作。除非这些电容为GB/T 3667.1—2005、GB/T 3667.2—2008中的P_2级，否则器具在每一次短路其中一个电容的条件下来重复该试验。

d. 装有三相电动机的器具，断开其中的一相，然后器具以额定电压供电，在正常工作状态下，工作持续到规定的时间。

2）试验时间。对每一次试验，带有定时器或程序控制器的器具都以额定电压供电，供电持续时间等于此定时器或程序控制器所允许的最长时间。

其他器具也以额定电压供电，供电持续时间有如下规定：

a. 对下述器具为30s：手持式器具；必须用手或脚来保持开关接通的器具；由手连续施加负载的器具。

b. 对在有人看管下工作的器具，为5min。

c. 对其他器具，为直至稳定状态建立所需的时间。

3）绕组温度要求。试验期间，通过带电测温仪监控绕组的温度不应超过表4-6中的值。

表4-6 最高绕组温度

器 具 类 型	温度/℃							
	A级	E级	B级	F级	H级	200级	220级	250级
无法建立稳定运行状态的器具	200	215	225	240	260	280	300	330
能够建立稳定运行状态的器具:								
——如果是阻抗保护器具	150	165	175	190	210	230	250	280
——如果用保护装置来进行保护的器具								
• 在第1h内,最大值	200	215	225	240	260	280	300	330
• 在第1h后,最大值	175	190	200	215	235	255	275	305
• 在第1h后,算术平均值	150	165	175	190	210	230	250	280

（2）过载运转试验　装有打算被遥控或被自动控制的或有连续工作倾向的电动机的器具，进行一个过载运转试验。

器具以额定电压供电，在正常工作状态下工作，直至稳定状态建立。然后增大负载使通过电动机绕组的电流以10%升高，并让器具再次工作直至稳定状态建立。此时的电源电压维持在其原来的值上。再次增大负载并重复该试验，直到保护装置动作或电动机停转。

如果不能以适合的增幅增加负载，则把电动机从器具上取下，然后单独进行试验。

在该试验期间，绕组温度不应超过下述规定值：

a. 对A级：140℃。

b. 对E级：155℃。

c. 对B级：165℃。

d. 对F级：180℃。

e. 对H级：200℃。

f. 对200级：220℃。

g. 对220级：240℃。

h. 对250级：270℃。

并且通过温度测量仪器以及人工观察监控器具的情况，应满足本章4.3.2节的要求。

（3）最低负载试验　装有串激电动机的器具，以1.3倍的额定电压供电，以可能达到的最低负载来工作，持续1 min。试验期间，器具部件不应从器具上弹出。

对联合型器具，这些试验要以电动机和电热元件都在正常工作状态下同时工作的方式来进行。对各电动机和电热元件，一次只进行一个适合的试验。

3. 有电子电路的器具非正常工作检验

要考虑下列的故障情况，而且如有必要，要每次施加一个，要考虑随之而发生的间接故障。

1）不同电位带电部件间的爬电距离和电气间隙的短路，其条件是这些距离小于GB 4706.1中29.1条规定的值，并且有关部分没有被充分地封装起来。

2）在任何元件接线端处的开路。

3）电容器的短路，符合IEC 60 384-14或GB 8898—2011中14.2条的电容器除外。

4）非集成电路电子元件的任何两个接线端的短路。该故障情况不施加在光耦合器的两个电路之间。

5）三端双向晶闸管开关元件以二极管方式失灵。

6）集成电路的失灵。在此情况下要评估器具可能出现的所有危险情况，以确保其安全性不依赖于这一元件的正确功能。要考虑集成电路故障条件下所有可能的输出信号。如果能表明不可能产生一个特殊的信号，则其有关的故障可不考虑。

- 如晶闸管整流器和三端双向晶闸管开关元件那样的元件，经受2）和4）故障情况。
- 微处理器按集成电路试验。

如果电路不能用其他方法评估，故障情况6）不施加到封装的和类似的元件。

正温度系数（PTC）电阻器如果在制造商规定范围内使用，则不短路，但是，PTC-S电热调节器要被短路，符合IEC 60738-1的除外。

另外，要通过低功率点与电源的测量极的连接来实现短路每个低功率电路。

为模拟故障情况，器具在发热试验规定的条件下工作，但以额定电压供电。

当模拟任何一个故障情况时，试验持续的时间为：

1）如果故障不能由使用者识别，例如温度的变化，则器具工作一直延续至正常使用时那些最不利条件所对应的时间，但仅持续一个工作循环。

2）如果故障能被使用者识别，例如食品加工器具的电动机停转，则按照堵转试验的规定。

3）对与电网持续连接的电路，例如伺服电路，应直到稳定状态建立。

在每种情况下，如果器具内出现供电的中断，则结束试验。

如果器具装有其工作是为保证器具符合非正常工作要求的电子电路，则按上述1）~6）所示，以模拟单一故障方式重复对该器具有关的试验。

如果对上述规定的某一故障情况，器具的安全都取决于一个符合GB 9364.2—1997的微型熔断器的动作，则要用一个电流表替换微型熔断器后，重复进行该试验。

如果测得的电流不超过熔断器额定电流的2.1倍，则不认为此电路是被充分保护的，然后要在熔断丝短接的情况下进行这一试验。如果测得的电流至少为此熔断器额定电流的2.75倍，则认为此电路是被充分保护的；如果测得的电流在此熔断丝额定电流的2.1~2.75倍之间，则要将此熔断器短接并进行试验，试验持续时间：对速动熔断器，为一恰当的时间或30min，二者中取时间较短者；对延时型熔断器，为一恰当的时间或2min，二者中取时间较短者。

除非另有规定，否则试验一直持续到一个非自复位断路器动作，或直到稳定状态建立。如果一个电热元件或一个故意设置的薄弱零件成为永久性开路，则要在第二个样品上重复有关试验。除非第二次试验以其他方法满意地完成，否则应以同样的方式终结。

每次只模拟一种非正常状况。如果对同一个器具适用一个以上的试验，则这些试验要顺序地在器具冷却到室温后进行。

4.3.2 非正常工作检验的规范流程及结果判定

非正常工作检验的试验规范在4.3.1节有较详细的叙述，本节以电动器具（如洗衣机）的非正常工作检验为例说明整个检验的规范流程与结果判定。电动器具的非正常工作检验过程与温升检验非常类似，主要差别在发热阶段需堵转电动机。具体规范流程如下：

1）检验准备。检验正式开始前，保证器具内外与环境温度一致，一般要求长时间放置。并记录检验开始时的环境温度。在需要测量和监测的地方布上热电偶。利用卡、夹、绑等方式时堵转电动机。需测量的各项参数见表4-7。

表4-7 非正常工作检验表

19.7	表格:非正常试验				P
	t_1 ____℃				
	t_2 ____℃				
测量部件(部位)		实测温度升/℃		限定温度升/℃	
电动机绝缘外壳				GB 4706.1 第30章的规定值	
控制面板				GB 4706.1 第30章的规定值	
电源线				150	
测试角				150	
19.7	表格:非正常试验				P
	t_1 ____℃			19.0	
	t_2 ____℃			19.7	
绕组温升测量	R_1/Ω	R_2/Ω	实测温升/K	限定温度/℃	绝缘等级
风扇电动机绕组				215	E

2）测量冷态电阻。测量方法参考温升检验部分。

3）器具发热。依据 GB 4706.1 中19.7 的内容确定发热时间,如洗衣机应使其工作至定时器最大范围（或一个洗涤的最大周期）。打开器具开关使其启动,并保证整个检验期间电动机无法正常运转。

4）测量热态电阻。达到检验时间后,立刻断电并进行热态电阻测量。测量方法可参考温升检验。同时记录此时的环境温度和各监测点温度。

5）结果判定。

在试验期间,器具不应喷射出火焰、熔融金属、达到危险量的有毒性或可点燃的气体,且其温升不应超过表4-8 中所示的值,绕组温升不应超过表4-4 中所示的值。

表4-8 最高的非正常温升

部 位	温升/K
木质支撑物,测试角的侧壁,顶板和底板和木箱[1]	150
电源软线的绝缘[1]	150
非热塑材料的附加绝缘和加强绝缘[2]	GB 4706.1 表3 中规定的有关值的 1.5 倍

[1] 对电动器具,不用确定这些温升。

[2] 对热塑材料的附加绝缘和加强绝缘,没有规定限值。但要确定其温升,以便进行耐热试验。

试验后,当器具被冷却到大约为室温时,外壳变形不能达到不符合对触及带电部件的防护的程度,而且如果器具还能工作,它的运动部件在正常使用中不应该对人身进行伤害。

除Ⅲ类器具外的绝缘冷却到约为室温,应经受电气强度试验,试验电压按工作温度下的电气强度试验电压要求。

对在正常使用中浸入或充灌可导电性液体的器具,在进行电气强度试验之前,器具浸入水中,或用水灌满,并保持24h。

习 题

一、思考题

1. 简述电桥的使用方法。

2. 做洗衣机的温升试验时需要用热电偶测试哪些部位的温升，标准是多少度？

3. 分别写出做洗衣机、电吹风、计算机主板的非正常工作试验时怎么设定非正常工作状态。

4. 列举对洗衣机进行非正常试验的试验过程。按照 GB 4706.1，非正常完成过后如果需要做电气强度试验，请问试验电压为多少？

5. 洗衣机电机铜绕组为 E 级绝缘，非正常试验测得以下数据：环境初始温度为 28.6℃，绕组电阻为 42.36Ω，试验结束时环境温度为 30.5℃，绕组电阻为 61.01Ω，无其他异常现象，是否判为合格？为什么？

6. 洗衣机电机铜绕组为 B 级绝缘，温升试验测得以下数据：环境初始温度为 23.6℃，绕组电阻为 42.36Ω，试验结束时环境温度为 24.5℃，绕组电阻为 51.01Ω，是否判为合格？为什么？

7. 发热对家用电器有何影响？

8. 热态电阻为什么要在试验结束时立刻测量？

9. 什么电器要做堵转试验？怎么做？

10. 怎么判断发热稳定状态？

11. 有一标称额定功率为 50W、E 级绝缘的风扇电动机，实测功率为 38W，做温升试验时测得实际温升为 54K，请问是否合格？为什么？

12. 现有电风扇、电吹风、电暖器三个产品。假定标称额定功率都是 220V，额定功率都是 100W，实测功率都是 92W。那么做非正常试验时，应该怎么设定其试验电压？

13. 标准规定绕组温升测量公式里面有一个 K 值，对应不同的材料取值不同，如铜绕组 K 取 234.5，铝 K 取 225。现很多厂家都使用铜包铝电动机，请问测试这类绕组时，K 应该取多少？

二、实操题

1. 根据 GB 4706.1 第 11 章的要求，对某一个电器的温升进行检验，判断其合格性。

2. 根据 GB 4706.1 第 19 章的要求，对某一个电器的非正常工作进行检验，判断其合格性。

第5章 气候环境检验

5.1 气候环境检验概述

5.1.1 气候环境检验的目的

产品在储存、运输或使用过程中，受到周围环境条件的影响，将降低它的性能以至危害操作者的人身安全。因此，必须研究环境对产品的影响，选择耐环境因素的材料、工艺、结构。

例如，产品出厂后，可能进入温差很大的新疆、风沙很大的戈壁、腐蚀很强的海边城市；产品会经历炎热的夏天、干爽的秋冬，也会经历多雨的春季。在这些气候与环境的影响下，必须保证其性能下降后也是符合安全要求的。

本章将对 GB 4706.1 中规定的湿热、防水、防尘和盐雾检验进行说明。

5.1.2 气候环境检验的分类

气候环境试验可分为自然暴露试验、现场运行试验和人工模拟试验三类。

自然暴露试验是将被试产品暴露在自然环境条件下定期进行观察和测试。现场运行试验是将被试产品安装在各种典型的使用现场，并在运行状态下进行观察和测试。这两种试验方法最能直接反映产品的实际使用情况，但是它们的试验周期都较长。

人工模拟试验是将被试样品放在环境试验设备内的一种人工加速试验方法，它可分为单因素试验和多因素试验。例如，高温试验、低温试验、温度变化试验等是单因素试验；湿热试验、化学气体试验、氧弹试验、长霉试验、太阳辐射试验等是多因素试验。

气候环境试验方法通常是按照环境因素进行分类的，一种产品需要进行多种气候环境试验，才能反映它在实际环境中使用的适应性。在进行气候环境试验时，试验方法的选用和排序顺序很重要，选用和排序不恰当，将会得到不一样的试验结果。例如：

1）确定接缝的紧密性或检查发状裂纹的可靠方法，是对试验样品施加一个或多个温度循环。在大多数情况下，不必将温度变化与潮湿空气综合在一起。

2）如果试验顺序是先做完温变试验，之后接着选做恒定湿热试验或交变湿热试验，就可能会得到比预期严酷的效果。那么，将试验顺序掉过来，先做湿热试验接着再做温变试验，试验效果就会更严酷。这是因为温变试验的温变速率与大温差相结合所产生的热力要比温变速率相当小的交变湿热试验大得多。

3）当试验样品是由不同材料构成且有接缝时，特别是含有黏结玻璃时，推荐采用由几个湿热循环和一个低温循环组成的组合试验方法。这种组合试验方法与交变湿热试验方法的区别，在于它在给定的时间内有更高的上限温度和多次达到零下温度，从而能获得其他湿热试验所没有的附加效应，即在裂缝或接缝中获得凝露水的冻结效应和加速呼吸效应。

在湿度循环之间加入低温循环的目的在于使任何缺陷中含有的水结冰，借助于水结冰的膨胀作用使这些缺陷比在正常使用期间更快地变为故障。

应强调指出的是，这种冻结效应只有在缝隙的大小足以允许渗入液态水的情况下才会发生，如金属组件与垫圈之间或焊锡与导线接头之间的缝隙等。

4）细微的发状裂纹或多孔材料，如塑料封装元器件的缝隙是以吸收效应为主，应优先选用恒定湿热试验。

5.2 湿热检验

湿热气候环境和亚湿热气候环境地区的常年气温高、湿度大。例如长江以南地区出现相对湿度大于 80% 的天数，约占一年的 25%（即一个季度）以上。湿热试验就是模拟湿热和亚湿热地区气候特点的试验方法。

高温高湿对材料的物理性能、机械性能、金属腐蚀、霉菌生长的影响很大，对产品使用的安全性和可靠性的影响也很大。湿热试验是检验产品安全性和可靠性的一项重要试验方法，在很多产品中被列为"致命性"试验项目。

5.2.1 湿热检验的相关标准

GB 4706.1 的 15.3 条中规定了"器具应能承受在正常使用中可能出现的潮湿条件"。

相关试验方法在 GB/T 2423.1—2008《电工电子产品环境试验 第2部分：试验方法 试验 A：低温》进行了详细规定，请读者查阅。本节将对该标准中与湿热试验紧密相关的内容进行阐述。

1. 湿度计算

湿度是表示大气干燥程度的物理量。在一定的温度下，一定体积的空气里含有的水汽越少，则空气越干燥；水汽越多，则空气越潮湿。空气的干湿程度叫作"湿度"。在此意义下，常用绝对湿度、相对湿度、比较湿度、混合比、饱和差以及露点等物理量来表示。在湿热试验中，一般采用相对湿度。

相对湿度是绝对湿度与最高湿度之间的比，它的值显示水蒸气的饱和度有多高。相对湿度为100%的空气是饱和的空气；相对湿度是50%的空气含有达到同温度的空气的饱和点的一半的水蒸气；相对湿度超过100%的空气中的水蒸气一般会凝结出来。随着温度的增高，空气中可以含的水就越多，也就是说，在含同样多的水蒸气的情况下，温度升高，相对湿度就会降低。因此，在提供相对湿度的同时，也必须提供温度数据。通过相对湿度和温度也可以计算出露点。相对湿度需要通过干、湿球温度计来查算。

将两支型号相同的温度表并列地装在印有摄氏度读数的板上。一支温度表下端的水银泡上裹有纱布，纱布的下端浸在盛有清水的容器里，容器里要经常注加清水，保证其不干涸，该温度表叫作湿球温度计。另一支温度表的水银泡是干的，和常用的温度表相同，用来测定空气的温度，叫作干球温度计。

因为纱布上的水分在蒸发时要吸收热量，所以湿球温度计的读数一般总比干球温度计的读数低一些。两温度表所示的温度差就称为干湿球温度差。由于水分蒸发的快慢和空气的相对湿度有关，相对湿度越小，越容易蒸发；相对湿度越大，也就是空气里的水汽趋于饱和状态，水就不容易蒸发。所以，知道了两温度表的读数差和当时的湿球温度，就可以通过式 (5-1) 计算相对湿度

$$U = \frac{e}{e_{\mathrm{w}}} \times 100\% = \frac{e_{tw} - Ap(t - t_{\mathrm{w}})}{e_{\mathrm{w}}} \times 100\% \tag{5-1}$$

式中　U——相对湿度；

　　　e——实际水汽压（kPa）；

　　　e_{w}——干球温度 t 所对应的纯水平液面饱和水汽压（kPa）；

　　　e_{tw}——湿球温度 t_{w} 所对应的纯水平液面饱和水汽压（kPa）；

　　　p——气压（kPa），分为 110kPa、100kPa、90kPa、80kPa 四个等级；

　　　A——干湿计系数（℃$^{-1}$），其值由干、湿球温度计类型和干、湿球温度计球部处风速决定，见表 5-1。

表5-1　干、湿计系数 *A* 值　　　　　　　（单位：℃⁻¹）

干、湿球温度计类型	风速/(m/s)		
	0.4	0.8	2.5
球状	0.857×10^{-3}	0.7947×10^{-3}	0.662×10^{-3}
柱状	0.815×10^{-3}		

在试验中很少实际计算相对湿度，一般利用"空气相对湿度查算表"得到当时空气的相对湿度。国标 GB/T 6999—2010 提供了各种情况下的相对湿度查算表，表5-2列出了柱状温度计在 $p = 100\text{kPa}$、$A = 0.815 \times 10^{-3} \text{℃}^{-1}$ 时经常使用的几种温度下的相对湿度查算表。例如，干球温度表所示的温度为 26℃，湿球温度表所示的温度为 24.5℃，两球的温度差为 1.5℃，我们可在表中查到相对湿度为 87.8%。

表5-2　相对湿度查算表

干湿温度差/℃ ＼ 干球温度/℃ 相对湿度(%)	24	25	26	27	28	29	30	38	39	40	41
0.0	100	100	100	100	100	100	100	100	100	100	100
0.6	94.8	94.9	95.0	95.2	95.3	95.4	95.5	96.1	96.1	96.2	96.2
0.7	94.0	94.1	94.2	94.3	94.5	94.6	94.7	95.4	95.5	95.6	95.6
0.8	93.1	93.3	93.4	93.6	93.7	93.8	94.0	94.8	94.9	94.9	95.0
0.9	92.3	92.4	92.6	92.8	92.9	93.1	93.2	94.1	94.2	94.3	94.4
1.0	91.4	91.6	91.8	92.0	92.2	92.3	92.5	93.5	93.6	93.7	93.8
1.1	90.6	90.8	91.0	91.2	91.4	91.6	91.7	92.8	93.0	93.1	93.2
1.2	89.7	90.0	90.2	90.4	90.6	90.8	91.0	92.2	92.3	92.5	92.6
1.3	88.9	89.2	89.4	89.6	89.9	90.1	90.3	91.6	91.7	91.8	92.0
1.4	88.1	88.3	88.6	88.9	89.1	89.3	89.5	90.9	91.1	91.2	91.4
1.5	87.2	87.5	87.8	88.1	88.4	88.6	88.8	90.3	90.5	90.6	90.8
1.6	86.4	86.7	87.0	87.3	87.6	87.9	88.1	89.7	89.9	90.0	90.2

2. 分类

湿热试验方法按照试验的特征，可以分为恒定湿热试验和交变湿热试验两大类。恒定湿热试验是模拟温度和湿度基本保持恒定的潮湿环境条件的实验室试验方法。交变湿热试验是模拟温度和湿度发生周期性变化的潮湿环境条件的实验室试验方法。

3. 选用

选择湿热试验方法及其参数时，必须根据产品的实际使用环境来确定。用在室内或类似室内环境的产品应选择恒定湿热试验方法，它的特点是试验过程中温度和湿度保持恒定，样品不产生凝露。用在室外或类似室外环境的产品应选择交变湿热试验方法，它的特点是试验过程中温度和湿度发生变化，样品出现凝露，交变湿热试验比恒定湿热试验更严酷。

5.2.2　湿热检验的设备及操作规范

湿热试验需要特殊的环境条件，一般是将样品放在湿热试验箱内进行试验。图 5-1a 是高低温交变湿热试验箱外观，图5-1b是试验箱内部。试验过程中如果打开试验箱，则会影响箱内的温度和湿度，因此，应在试验开始前连接好测试所需连线，从试验箱侧面的孔中穿出，避免试验中途打开试验箱。

a)湿热试验箱外观

b) 实验箱内部

图 5-1　湿热试验箱

湿热试验箱操作规程如下。

1. 运行前的检查

1）电源是否依照规格妥善连接，并确实接地。

2）检查超温保护器是否设定为试验所需最高温度加上30℃。

3）水箱内的存水量是否满足试验需求。

2. 操作步骤

1）插上电源插座，打开总电源开关，然后打开箱体排水阀。

2）将自来水连接至设备加工口，水便注入储水箱，并观察加温器水位，水是否淹没加温管。

3）将配好的湿球纱布挂于湿球传感器上，长度为两地均放于湿球槽为宜（挂前先将湿球纱布浸湿）。

4）打开电源开关，指示灯亮，然后将温度、湿度控制仪设定到所需温度。

5）按试验要求，做好必要的试验记录。

6）巡视检查试验箱运行情况。

7）试验箱按规定的时间自然停机后，应及时关闭电源，使试验箱各系统为静止状态。

注：试验过程中，除非有绝对必要，不要打开箱门。

5.2.3　湿热检验的规范流程及结果判定

GB 4706.1 规定了对产品整机的检验方法，GB/T 2423.3—2006 规定了对产品部件的检验方法。

1. GB 4706.1 规定的检验规范

（1）试验条件

1）相对湿度：93% ±2% 。

2）试验温度：保持在 20～30℃之间任何一个方便值的 1K 之内。

3）试验时间：48h。

样品在放入潮湿试验箱之前，样品本身的温度应达到 $t+4$℃。

（2）试验操作要点

1）样品在进入潮湿试验箱以前，必须先进行温度条件的预处理，使样品本身的温度超过潮湿处理温度4℃。通常的做法是把样品放入潮湿箱，在不加湿的情况下，对样品进行预热。温度处理的时间可根据样品热容量大小而定，对于小件样品，在潮湿试验箱（室）内的样品装满率较小的情况下，温度处理的时间应该短一些。对于大件热容量较大，而且潮湿试验箱（室）内样品装满率较大的情况下，温度处理的时间应该长一点。多数情况下，在潮湿处理前，样品在规定温度下保持至少4h，就可达到该温度。

如果房间的环境温度与试验温度相近，则样品放在房间里的时间，也可以认为是温度处理时间。

样品温度预处理的目的是防止在进行潮湿处理试验时，样品出现凝露现象。因为恒定湿热试验不允许样品出现凝露。

2）被试样品的电缆入口要打开；被试样品如果有一个或多个敲落孔，其中的一个也要处于打开状态。这是因为需要防止这些孔封闭妨碍潮湿气体进入样品内部。

3）GB 4706.1还规定需要取下影响样品受潮过程的可拆卸部件，并视需要程度，让它与主机一起受试。

4）试验时间到达48h后，对样品进行最后检查并做出结果判定。

2. GB/T 2423.3—2006 规定的检验规范

（1）试验条件：温度：40℃±2℃；相对湿度：93%±2%；温度容差：±2℃，为使相对湿度容差保持在规定的范围内，工作空间内任何两点的温差，在任一瞬间不应大于1℃。

试验时间（即严酷等级）：2d、4d、10d、21d、56d，按具体产品标准中的规定。

（2）试验程序

1）初始检测。检测项目包括外观、电气性能和机械性能等，如样品是否带包装、是否通电运行、是否按正常使用位置放置等。

2）样品温度预处理。

3）试验开始时间的确定。当湿热试验设备工作空间的温湿度都达到并已稳定在规定值时，即为试验开始的时间。

4）中间检测。如果需要进行中间检测，被试产品的技术条件会规定中间检测的时间和检测内容。中间检测时，不允许将试验样品移出试验设备外再测试，更不允许在恢复处理后再进行中间检测。

5）恢复处理。试验结束时，一般样品应在下述标准大气条件下恢复1～2h；温度：15～35℃；相对湿度：45%～75%；气压：86～106kPa。

根据样品特性和实验室条件，试验样品也可以在湿热试验设备中恢复。为此，应在0.5h内将湿热试验设备内的湿度降到75%±3%，然后在0.5h内将温度调节到15～35℃范围，温度容差为±2℃。如果将样品转到另一湿热试验设备中恢复，转移过程时间≤5min。

6）最后检查及结果判定。

注: 检查工作在恢复阶段结束后应立即进行，对湿度变化最敏感的参数先测量，所有测量应在30min内完成。

3. 结果判定

湿热试验本身只是把样品放入试验箱一定时间，试验箱本身不会给出任何结果。故需要在样品经历了湿热过程后，从其他方面对样品进行检验并做出结果判定。

在进行结果判定前，我们先了解湿热试验对样品有哪些影响。

（1）物理性能的变化　无论是恒定湿热试验还是交变湿热试验，不管表面会不会出现凝露，材料的物理性能都会发生变化。例如由膨胀引起的尺寸变化、摩擦系数变化和机械强度变化等。

（2）电气性能的变化

1）表面受潮。如果绝缘材料表面凝露或吸附了一定数量的潮气，它的某些电气特性可能会变化，如表面电阻降低、损耗角增大，甚至会产生泄漏电流。

一般说来，要检查表面受潮后电气性能的变化，应选用交变湿热试验；如已知材料的使用情况仅与吸附有关，则应选用恒定湿热试验。

在某些情况下，在试验期间必须接通试验样品的负载后进行测量，一般说来，由于表面受潮而引起的电气性能的变化非常迅速，在试验开始几分钟之后就很明显地显示出来了。

2）体积吸潮。绝缘材料的体积吸潮能使许多电气性能发生变化，如介电强度降低、绝缘电阻下降、损耗角增大和电容量增大等。

（3）温度、湿度对绝缘体受潮程度的影响

1）温度对绝缘体受潮程度的影响。图5-2a是相同的相对湿度下，温度与绝缘体受潮程度的关系。从图中可见，在相同的相对湿度（98%～100%）下，温度越高，受潮程度越大。温度40℃下受潮程度大约为20℃下的2～5倍，而55℃下的受潮程度大约为20℃下的10倍。

2）湿度对绝缘体受潮程度的影响。图5-2b是同一温度（40℃）和两种不同相对湿度下，0.6kW热带型电动机的电容增量随时间而变化的变化曲线。显然在相同温度下，相对湿度越高，相对介电常数 ε_r 越大。这是因为在相同温度下，相对湿度越高，空气中的水蒸气含量越高，水蒸气向绝缘体内部扩散力就越大。

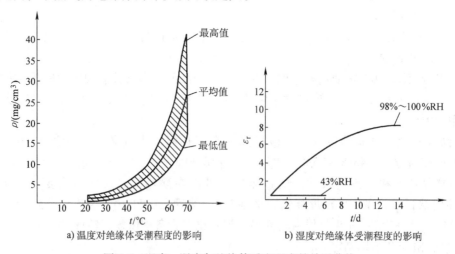

a) 温度对绝缘体受潮程度的影响　　b) 湿度对绝缘体受潮程度的影响

图5-2　温度、湿度与绝缘体受潮程度的关系曲线

（4）腐蚀　温度和湿度越高，腐蚀速度越快。一般来说，当存在反复蒸发、多次凝露时，腐蚀最严重。

湿热试验通常不用于确定腐蚀效果，但在金属表面上附有杂质（如残留的焊剂、其他加工过程的残留物、灰尘、指纹等）时，潮湿环境可能会诱发，腐蚀或加速腐蚀过程。

不同金属之间或金属与非金属材料的连接处，即使不存在污染物，在相对湿度很高或存在凝露时，也可能是一种腐蚀源。

综上，我们对经历了湿热试验的样品进行电气绝缘性能、外观、机械性能及其他技术指标的检查。除电气绝缘性能外，一般通过试验员视检的方式进行，电气绝缘性能检验按 GB 4706.1 第16章要求进行电气强度和泄漏电流试验。电气绝缘性能检查时，被试样品应继续在潮湿试验箱内，并且不要打开试验箱，保持样品在预定的湿热条件下进行试验，故测试所需连线应该在试验开始前连接好，从试验箱侧面的孔中穿出。绝缘检查通过，则湿热检验通过。具体试验方法请参考本书第3章3.3节和3.4节的内容。

5.3 防固体异物和防水检验

人体的部分器官，例如手、头等部位，碰到运行中的机器，将会受到伤害；人体接触到带电件将受到电击；外来固体物与机器的运转部件相碰，会损坏机器，如果这些固体异物是导电的，将使电器发生短路；尘埃的沉积会使机器运转受到阻碍；自来水和雨水等常见的液体落在导电体上或积聚在其周围，将使电器短路或电器性能降低。因此，需要有"外壳"来保护产品，防止上述事故的发生。

5.3.1 防固体异物和防水检验的相关标准

GB 4706.1 对防水检验的规定主要在第15章，对防固体异物检验未做明确规定。GB 4208—2008《外壳防护等级（IP 代码)》中对防固体异物和防水检验有更详细的规定。基于本书的目的和范围，本节主要介绍防护等级的定义及 GB 4706.1 中的规定，GB 4208 请读者自行查阅。

防护等级通常用 IPXX 代码表示，如：

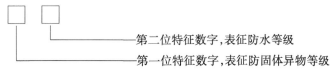

第二位特征数字,表征防水等级
第一位特征数字,表征防固体异物等级

IP 代码的组成含义见表5-3。

表5-3 IP 代码组成及其含义

组 成	数字	对设备防护的含义	对人员防护的含义
代码字母	IP	—	
第一位特征数字		防固体异物进入	防止接近危险部件
	0	无防护	无防护
	1	≥ϕ50mm	手背
	2	≥ϕ12.5mm	手指
	3	≥ϕ2.5mm	工具
	4	≥ϕ1.0mm	金属丝
	5	防尘	金属丝
	6	尘密	金属丝

（续）

组　成	数字	对设备防护的含义	对人员防护的含义
		防止进入造成有害影响	
第二位特征数字	0	无防护	—
	1	滴水	
	2	15°滴水	
	3	淋水	
	4	溅水	
	5	喷水	
	6	猛烈喷水	
	7	短时间浸水	
	8	连续浸水	

GB 4706.1 对防水检验的规定如下：

器具外壳应按器具分类提供相应的防水等级。按 15.1.1 的规定，并考虑 15.1.2 确定其是否合格，此时器具不连接电源。然后，器具应立即经受 16.3 中规定的电气强度试验，并且视检应表明在绝缘上没有能导致电气间隙和爬电距离降低到低于第 29 章中规定限值的水迹。

15.1.1 除分类为 IPXO 器具外，器具按下述规定经受 GB 4208（eqv IEC 60529）的试验。

1）IPXl 器具，按 13.2.1 规定。

2）IPX2 器具，按 13.2.2 规定。

3）IPX3 器具，按 13.2.3 规定。

4）IPX4 器具，按 13.2.4 规定。

5）IPX5 器具，按 13.2.5 规定。

6）IPX6 器具，按 13.2.6 规定。

7）IPX7 器具，按 13.2.7 规定。对该试验，器具浸没在约含 1% 氯化钠（NaCl）的水溶液中。

含有带电部件并装在外部软管内用于将器具连至水源的水阀，要按照 IPX7 类器具经受防水试验。

注：对不能放置在 GB 4208—2008（eqv IEC 60529）规定的摆管下试验的器具，可使用手持式喷头。

GB 4706.1 中，15.1.2 条和 15.2 条对样品的放置和溢水试验进行了规定，请读者自行查阅。

5.3.2　防固体异物和防水检验的设备及操作规范

防固体异物检验（IP1X 至 IP4X）的检验设备与本书第 3 章 3.7 节所述一致，用于模拟固体异物是否能进入器具内部。

防尘试验（IP5X 和 IP6X）的试验设备如图 5-3 所示，其中右边小图为打开后放置样品的空间。

防垂直滴水和 15°滴水试验（IPX1 和 IPX2）的试验设备如图 5-4 ~ 图 5-6 所示，其中图

5-4 为滴水试验配置图，图5-5为滴水试验原理图，图 5-6 为成品滴水试验装置。

图 5-6 所示成品的上方平台可调节高度，下方放置台可调节角度，满足 IPX1 和 IPX2 两个试验的要求。

防淋水和防溅水试验（IPX3 和 IPX4）的试验设备主要有针对较大样品的摆管试验装置和针对较小样品或零部件的喷头试验装置。图 5-7 和图 5-8 所示为摆管试验装置，图 5-9 和图 5-10 所示为喷头试验装置。

喷水试验和强烈喷水试验（IPX5 和 IPX6）只需要含有压力表和大小符合要求的喷头的水管即可，浸水试验（IPX7 和 IPX8）只需要大小符合要求的浸水箱即可，在此不再赘述。

图 5-3 防尘试验箱

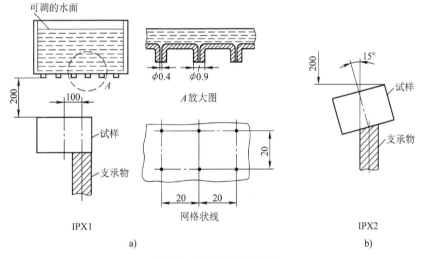

图 5-4 滴水试验装置图

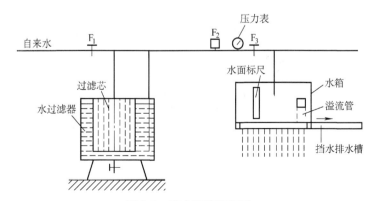

图 5-5 滴水试验原理图

图5-6 成品滴水试验装置

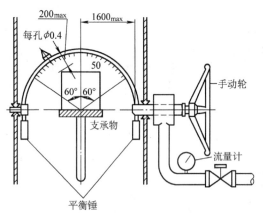

图5-7 手动摆管试验装置原理图

图5-8 洗衣机（IPX4）摆管试验现场图

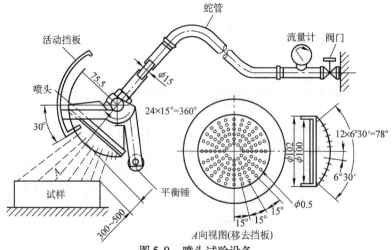

图5-9 喷头试验设备

图 5-10　喷头试验现场图

以上试验装置操作相对简单且固定，故对设备操作也不再赘述。

5.3.3　防固体异物和防水检验的规范流程及结果判定

1. 环境条件要求

1）温度：15～35℃。

2）相对湿度：25%～75%。

3）大气压力：86～106kPa。

2. 试样

除非产品标准另有规定，每次试验用的样品应是清洁的新制品；当试验样品太大或其他原因不能对整台设备进行试验时，应该用有代表性的部件或对有相同比例设计的较小样品进行试验。

（1）防固体异物检验　试验方法包括两方面：对人体防护试验和对设备防护试验。

1）对人体防护试验。由测试工具、低压电路及指示灯、危险部件组成一个回路，使试具对准外壳的孔或裂缝等开口部位，按表 5-4 的工具和力值朝外壳内部的危险部件移动，如果测试工具接触到危险部件，低压电路上的指示灯就会发亮。

表 5-4　防护等级、试验工具和试验用力关系表

防护等级	试验工具	试验用力/N
IP1X	带绝缘手柄直径 50mm 的钢球	50±5
IP2X	带绝缘手柄直径 12mm 的金属手指	10±1
IP3X	带绝缘转盘和手柄直径为 2.5mm×100mm 的刚性金属棒	3±0.3
IP4X	带绝缘转盘和手柄直径为 1mm×100mm 的刚性金属线	1±0.1

当测试工具接触危险部件时，指示灯发亮，表示试验不合格。

出现下述情况时，指示灯不亮，试验为合格：

① 试具完全不能进入外壳。

② 试具的一部分进入或完全进入外壳，但是接触不到危险部件。

2）对设备防护试验。使试具对准外壳的孔或裂缝等开口部位，按表 5-5 的工具和力值朝外壳内部的危险部件移动。

表 5-5 防护等级、试验工具和试验用力关系表

防护等级	试 验 工 具	试验用力/N
IP1X	直径 50mm 的钢球	50 ±5
IP2X	直径 12mm 的钢球	10 ±1
IP3X	直径为 2.5mm 的钢棒	3 ±0.3
IP4X	直径为 1.0mm 的钢线	1 ±0.1

试具直径通过外壳上的任何孔和缝隙等开口部位为不合格，否则为合格。

（2）防尘检验

1）检验准备。使用防尘试验箱进行检验。检验所用滑石粉经过筛孔尺寸为 75μm 的筛子筛过，每立方米容积的防尘箱用滑石粉 2kg，使用次数不超 20 次。

根据器具外壳确定检验方式（抽真空或不抽真空）。

第一类外壳：当试样在正常工作时，试样外壳的气压低于周围大气压者。

第二类外壳：当试样在正常工作时，试样外壳内外气压平衡（外壳内部的气压与外壳外部的气压相等）。

2）抽真空试验。

① 对象：第一类外壳进行 IP5X 试验时，第一类外壳和第二类外壳两类外壳进行 IP6X 试验时。

② 真空度：不超过 2kPa。

抽气程度根据外壳体积或抽气速度而定，可采用下述方法之一：

① 抽气量为 80 倍被试样品外壳容积。

② 抽气时间 2h，当每小时抽气速度为 40 ~ 60 倍外壳容积时。

③ 抽气时间 8h，当每小时抽气速度 <40 倍外壳容积时。

3）不抽真空试验。

① 试验对象：第二类外壳进行 IP5X 时，不必对外壳内部进行抽气。

② 抽气时间：8h。

4）试验结果判定。进行 IP5X 时，进入外壳内的灰尘不影响试样的运行和安全，同时沿爬电距离会导致漏电起痕的地方没有积聚灰尘为合格，否则为不合格。

进行 IP6X 时，外壳内无灰尘进入为合格。

（3）防水检验 防水检验包括第二位特征数字为 1 ~ 8，即防护等级代码为 IPX1 ~ IPX8，各种等级的防水检验内容不同。防水检验含防水试验和结果判定两部分，防水试验为过程性试验，结果判定含为判定样品在经历防水试验过程后是否满足国标要求而进行的其他检验。

1）IPX1。

① 方法名称：垂直滴水试验。

② 试样放置：按试样正常工作位置摆放在以 1r/min 的旋转样品台上，样品顶部至滴水口的距离不大于 200mm。

③ 试验条件：滴水量为（1 ±0.5）mm/min。

④ 试验持续时间：10min。

2）IPX2。

① 方法名称：倾斜 15°滴水试验。

② 试样放置：使试样的一个面与垂线成 15°角，样品顶部至滴水口的距离不大于 200mm。每试完一个面后，换另一个面，共 4 次。

③ 试验条件：滴水量为（3±0.5）mm/min。

④ 试验持续时间：4×2.5min（共 10min）。

3）IPX3。

① 方法名称：淋水试验。

② 试验方法：本试验和 IPX4 的试验分为摆管式和喷头式两种。

a. 摆管式淋水试验（一般用于体积较大的样品）。

• 试样放置：选择适当半径的摆管，使样品台面高度处于摆管直径位置上，将试样放在样台上，使其顶部到样品喷水口的距离不大于 200mm，样品台不旋转。

• 试验条件：水流量按摆管的喷水孔数计算，每孔为 0.07L/min。淋水时，摆管中点两边各 60°弧段内的喷水孔向样品喷水。被试样品放在摆管半圆中心。摆管沿垂线两边各摆动 60°，共 120°。每次摆动（2×120°）约 4s。

• 试验时间：连续淋水 10min。

b. 喷头式淋水试验（一般用于体积较小的样品或零部件）。

• 试样放置：使试验顶部到手持喷头喷水口的平行距离在 300~500mm 之间。

• 试验条件：试验时应安装带平衡重物的挡板，水流量为 10L/min。

• 试验时间：按被检样品外壳表面积计算，每平方米为 1min（不包括安装面积），最少 5min。

4）IPX4。

• 方法名称：溅水试验。

• 试验方法：同 IPX3。

① 摆管式溅水试验。

• 试样放置：选择适当半径的摆管，使样品台面高度处于摆管直径位置上，将试样放在样台上，使其顶部到样品喷水口的距离不大于 200mm，样品台不旋转。

• 试验条件：水流量按摆管的喷水孔数计算，每孔为 0.07L/min。淋水时，摆管中点两边各 90°弧段内的喷水孔向样品喷水。被试样品放在摆管半圆中心。摆管沿垂线两边各摆动 180°，共 120°。每次摆动（2×360°）约 12s。

• 试验时间：即 10min。

② 喷头式溅水试验。

• 试样放置：使试验顶部到手持喷头喷水口的平行距离在 300~500mm 之间。

• 试验条件：试验时应安装带平衡重物的挡板，水流量为 10L/min。

• 试验时间：按被检样品外壳表面积计算，每平方米为 1min（不包括安装面积），最少 5min。

5）IPX5。

• 方法名称：喷水试验。

• 试验设备：喷嘴的喷水口内径为 3.3mm。

• 试验条件：使试验样品至喷水口相距为 2.5~3m，水流量为（12.5±0.625）L/min

（750L/h）。

    ●试验时间：按被检样品外壳表面积计算，每平方米为1min（不包括安装面积），最少3min。

    6）IPX6。

    ●方法名称：强烈喷水试验。

    ●试验设备：喷嘴的喷水口内径为12.5mm。

    ●试验条件：使试验样品至喷水口相距为2.5~3m，水流量为（100±5）L/min（6000L/h）。

    ●试验时间：按被检样品外壳表面积计算，每平方米为1min（不包括安装面积），最少3min。

    7）IPX7。

    ●方法名称：短时浸水试验。

    ●试验设备和试验条件：浸水箱。其尺寸应使试样放进浸水箱后，样品底部到水面的距离至少为1m。试样顶部到水面距离至少为0.15m。

    ●试验时间：30min。

    8）IPX8。

    ●方法名称：持续潜水试验。

    ●试验设备、试验条件和试验时间：由供需（买卖）双方商定，其严酷程度应比IPX7高。

    防水检验的结果判定：防水试验本身为过程性试验，不给出关于检验结果的任何结论。GB 4706.1的15.1条规定"器具应立即经受16.3中规定的电气强度试验，并且视检应表明在绝缘上没有能导致电气间隙和爬电距离降低到低于第29章中规定限值的水迹。"故防水试验结束后，应根据GB 4706.1的16.3条和第29章进行相关试验并判定其是否合格。相关试验方法可参考本书第3章3.3节和3.6节以及相关标准。

5.4 盐雾检验

5.4.1 盐雾检验机理及影响检验结果的因素

1. 分类

根据记载，盐雾试验方法的提出，是因为在产品运输中发现海上的腐蚀环境特别恶劣。因此，在实验室里模拟海洋环境，用海水喷雾进行试验，这就是早期的盐雾试验方法。

由于盐雾试验方法的使用越来越广泛，它的种类也越来越多，下述为现行盐雾试验方法的种类：

$$
\text{盐雾试验方法}
\begin{cases}
\text{中性盐雾试验方法}
\begin{cases}
\text{人造海水盐雾试验方法}\\
\text{纯氯化钠盐雾试验方法}
\end{cases}\\
\text{酸性盐雾试验方法}
\begin{cases}
\text{醋酸盐雾试验方法}\\
\text{铜加速醋酸盐雾试验方法}
\end{cases}\\
\text{交变盐雾试验方法}
\end{cases}
$$

2. 盐雾的危害

盐是地球上最普遍的化学物之一。海洋占地球表面积的70%，海水的主要成分就是盐。

地面、地球内部、河流、湖泊及大气中都存在盐分。高温高湿的湿热带和海洋环境中，盐的腐蚀特别明显。盐雾腐蚀会破坏金属和金属保护层，使它失去装饰性，降低机械强度；一些电子元器件和电器线路，常常由于腐蚀而造成电路中断，特别是在有振动的环境中尤为严重；腐蚀物也常使机械活动部件卡死。

盐有强烈的吸潮性，盐溶液是导电的。当盐溶液落在电器线路上时，可能使两根电器线路出现短接现象。当盐雾落在绝缘体表面时，将使表面电阻降低。绝缘体吸收盐溶液后，它的体积电阻将明显下降。根据文献介绍，盐雾可使体积电阻降低 4 个数量级。根据调查，在巴拿马运河地区，使用 5 个月的印制电路板就可能因为绝缘电阻下降而无法使用；在我国海南省海边使用的许多电器，由于盐雾的作用，绝缘电阻几乎降为零，尽管进行多次清洗、烘干等恢复措施，都无法修复。根据调查，湛江沿海渔船上的直流电动机，使用前的绝缘电阻为 500MΩ 以上，使用两年以后，其绝缘电阻就降低到 0.05MΩ。

3. 腐蚀机理

盐雾具有腐蚀破坏作用，是因为盐雾里含有盐。根据报道，海洋环境中的盐雾所含的各种成分，与海水的成分极为相似。各地海水的浓度虽然不同，但是它的成分几乎是一样的。

盐雾液滴里所含的盐分，主要是氯化物。氯化物的含量约占盐分总量的 90%。这些盐大部分是强电解质，它们有强烈的吸潮性，即使在相对湿度不很高的环境里，也处于润湿状态。众所周知，强电解质在水里是完全电离的，电离后形成相应的阳离子和阴离子，例如

$$NaCl = Na^+ + Cl^-$$

盐雾对金属或产品的腐蚀，主要是导电的盐溶液渗入金属内部，形成"低电位金属—电解质溶液—高电位杂质"微电池系统，发生电子转移，就是所说的发生电化学反应。在反应中，作为阳极的金属出现溶解，形成新的化合物，这种化合物就是腐蚀物。金属材料是这样，金属保护层和有机材料保护层也一样，当盐溶液渗入其内部后，便会形成以金属为一个电极和金属保护层或有机材料为另一电极的微电池。

在盐雾造成的腐蚀破坏过程中，起主要作用的因素实际上是氯离子，它具有很强的穿透本领，很容易穿透金属表面氧化层进入金属内部，破坏金属的钝态。同时，氯离子具有很小的水合能，容易被吸附在金属表面，取代保护金属的氧化层中的氧，使金属受到破坏。

盐雾对金属的腐蚀，除了盐雾里所含的腐蚀介质——盐液外，还受溶解于盐溶液里（实质上是溶解在试样表面的盐液膜）的氧的影响。氧能够引起金属表面的去极化过程，加速阳极金属溶解，在这个过程中，盐液膜里氧含量逐渐减少，阳极溶解速度逐渐减慢。为了保证去极化过程的不断进行，必须使喷雾继续进行，不断更新沉降在试样表面上的盐液膜，使之含氧量始终保持在接近饱和状态，这是盐雾试验的特征，它与盐水浸渍试验不同。腐蚀产物的形成，使渗入金属缺陷里的盐溶液的体积膨胀，因此增加了金属的内部应力，引起了应力腐蚀，导致保护层鼓起；机械部件或活动部件的活动部位由于腐蚀物的产生增加了摩擦力，以至造成活动部件被卡死。

4. 影响腐蚀的因素

国际上一些学者认为，影响盐雾试验结果的因素太多，所以，盐雾试验结果的再现性较差。但是，目前大多数学者都认为，下列这些因素是影响盐雾试验结果的主要因素：试验温度、盐溶液的 pH 值、盐溶液的组成和浓度、盐雾特性、样品放置角度、喷雾方式等。

（1）温度 试验温度越高，腐蚀速度越快。大多数学者认为，对于中性盐雾试验，试

验温度选在 35℃ 较为恰当。温度太高，腐蚀机理与实际情况差别较大。

（2）盐溶液的 pH 值　pH 值越低，溶液的氢离子浓度越高，酸性越强，腐蚀性越强。

（3）盐溶液的组成和浓度　早期的盐雾试验方法，其盐溶液有天然海水、人造海水和氯化钠蒸馏水等。现在，天然海水配方已经不采用，人造海水配方也已经很少采用。因为在人造海水里，氯化钠以外的其他化合物含量不多，它们对试验结果的影响不大，而且人造海水的配方复杂。在配制过程中，容易出现沉淀，人造海水腐蚀性不会比氯化钠水溶液强。

（4）盐雾特性　早期的盐雾试验方法用盐雾颗粒的大小和密度来表示盐雾的特性。当时，有些学者认为，盐雾颗粒越细或盐雾的密度越大，一定盐溶液所形成的雾的表面积越大，被吸收到盐雾颗粒内的氧量越多，腐蚀性越强。后来有人通过计算得到：直径 1μm 的盐雾颗粒表面吸附的氧量也与颗粒内部溶解的氧量已经达到相对平衡，盐雾颗粒再小，吸附的氧量也不再增加。对自然环境中盐雾颗粒的测量结果表明，大气中盐雾颗粒的直径 90% 以上为 1μm 以下。现在，世界各国都用盐雾沉降率来表示盐雾的特性。

（5）样品放置角度　样品的放置角度，对试验结果有明显的影响。盐雾的沉降方向是接近竖直方向的，样品水平放置时，它的投影面积最大，样品表面承受的盐雾量最多，因此腐蚀最严重。研究结果表明：钢板与水平线成 45°角时，每平方米的腐蚀失重量为 250g，钢板平面与垂直线平行时，腐蚀失重量为每平方米 140g。

（6）喷雾方式　不同的喷雾方式，腐蚀结果不一样。研究结果表明：连续喷雾的腐蚀性比间隙喷雾的腐蚀性强。因为连续喷雾时，样品表面可以得到更多的盐雾。例如，对大多数电镀层，连续喷雾 24h 的腐蚀强度为间歇喷雾（喷雾 8h + 停止喷雾 16h，共 24h）的1.5 倍。

5.4.2　盐雾检验的相关标准

我国关于盐雾检验的标准为 GB/T 2423.17—2008《电工电子产品环境试验　第 2 部分：试验方法　试验 Ka：盐雾》。该标准从范围、试验设备、试验过程、最终检查和试验报告等方面进行了详细的规定。

在 GB 4706.1 中并没有盐雾检验的相关内容。在 GB 4706 系列的各种电器的特殊标准中有部分引用了关于盐雾试验的内容。故检验人员在进行产品检验时需先查询被检样品的特殊标准以确定是否需要进行盐雾检验。

5.4.3　盐雾检验的设备及操作规范

盐雾检验报告盐雾试验和最终检验，其中模拟海边环境的盐雾试验一般在盐雾试验箱中进行。如图 5-11 为盐雾试验箱，其中图 5-11a 为外观，图 5-11b 为打开顶盖后的内部图。图 5-12 为盐雾试验箱结构图。

进行盐雾试验的试验箱需满足如下要求：

1）试验箱应具备足够大的容积，能提供稳定、均一的试验条件，且在试验过程中这些条件不受试样的影响。

2）用于制造试验设备的材料必须是抗盐雾腐蚀，同时也不影响盐雾本身对试验样品的腐蚀速度。

3）盐雾不能直接喷射在被试样品上。

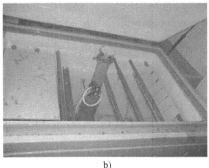

a)   b)

图 5-11 盐雾试验箱

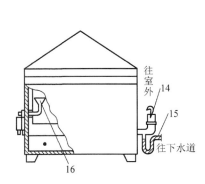
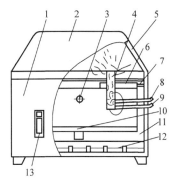

图 5-12 盐雾试验箱结构图

1—下箱体 2—顶盖 3—感温元件进线孔 4—喷雾塔 5—保温层 6—样品支架
7—密封水槽 8—进气管 9—盐液补给管 10—螺旋挡水圈 11—空气套
12—加热管 13—集液容器 14—排气管 15—排液管 16—玻璃漏斗

4）试验设备的内壁和内顶上的盐雾聚集液滴，不能滴落在被试样品上。一个样品上的聚集液也不能滴落在其他样品上。

5）试验设备内的气压与试验设备外的气压应平衡，确保盐雾分布均匀。排气孔末端应进行防风设计，避免试验箱内产品较大气流。

用于盐雾试验的盐雾需满足如下要求：

1）质量分数：试验所用的盐应是高品质的氯化钠，干燥时，碘化钠的质量分数不超过0.1%，杂质的总含量不超过0.3%。盐溶液的质量分数应为（5±1）%。

2）pH值：在温度为（35±2）℃时，pH值应为6.5～7.2。

盐雾试验箱操作规程如下：

1）用一个专用刀开关或其他开关接入电网，并牢固接好地线。

2）将仪器平稳摆放，将主体箱上口密封槽加入纯净水，水位加至2/3的水位，盖上箱盖盐雾不外溢为止。

3）将主体箱底部加满纯净水。

4）将配置好的试液加入盐水箱内，用胶管与主体箱进水嘴相连，盐水自动流入主体箱内，箱内水位与箱外水位线是一致。

5）按下启动按钮，绿灯亮，电源接通，再开加温开关、温度饱和开关，控温仪显示的是环境室温，再设定工作温度，将温度设定好后，便显示箱内实际温度。

6）当温度升至设定点时，控温仪自动停止加温，当温度低于设定点时自动加温。

7）设定喷雾时间需要休息时间，拨动拨码开关设定好，再按喷雾按钮计时器便可计时工作。

8）当喷雾工作时间到了后，喷雾计时器自动停止显示。

5.4.4 盐雾检验规范流程及结果判定

各国的标准对盐雾检验的流程有少许差别，本例以我国国家标准 GB/T 2423.17 中规定的流程进行阐述。

1. 初始检测

被试样品投入试验以前，必须进行外观检查，即外表面必须无油污、无尘埃、无其他临时防护层和其他弊病。该检测以视检的形式进行，必要时可依据标准进行电气和机械性能的检测。

2. 预处理

依据样品的特殊标准，对样品进行清洁和移除保护性涂层的处理（不是每类产品都需要做移除保护性涂层的处理）。

3. 试验

1）被试样品不得相互接触，不得相互重叠和相互遮盖。样品之间的距离应不影响盐雾自由降落在任何一件被试样品上，任何一件被试样品上的积聚液不得滴落在其他样品上。平板状样品的放置方法，应该使受试面与垂直方向成 30°。如果样品的技术条件另外有规定，则按规定放置。如果没有规定，形状复杂的样品按照使用状态放置。

2）试验箱温度维持在（35 ±2）℃。

3）所有暴露区域应维持盐雾条件。用 80cm^2 的器皿在暴露区域任一点收集至少 16h 的雾化沉积溶液，平均每小时收集量应在 1.0 ~ 2.0ml。

4）利用收集到的雾化沉积溶液，测试质量分数和 pH 值应符合规定（盐溶液的质量分数应为（5 ±1）%，pH 值应为 6.5 ~ 7.2）。

5）依据样品的特殊标准确定试验时间（16h、24h、48h、96h、168h、336h、672h）

4. 恢复

试验时间到达试样规定的总时间时，关闭喷雾系统，取出试验样品。如果样品技术条件有恢复处理规定，则按规定进行恢复处理。否则，将样品放在水中轻轻洗掉试验表面的盐雾沉积物，然后再在蒸馏水中漂洗，接着在标准大气中恢复 1 ~ 2h。在样品表面干燥后进行外观检查。洗用水的温度不得超过 35℃。

盐雾检验的结果判定：

同本章所述的其他气候环境试验一样，盐雾试验本身不给出是否合格的任何结论。盐雾试验结束后，通过视检，必要时依据标准进行电气性能和机械性能的检测以判定其是否合格。

本章所述的气候环境检验（含其他过程性检验）都需要依托其他检验来判定是否合格，如本书第 3 章 3.3 节介绍的电气强度检验。但不必每个过程性试验结束都进行一次。一个样品在新送入实验室时电气性能检验应该合格，在进行完多个过程性试验后，再进行一次电气性能检验。只有经历了各个过程性试验后仍能经受电气性能检验合格的样品，才是真正的合格样品。

习　题

一、思考题

1. 为什么气候环境试验多采用加速试验？

2. 简述电吹风的湿热试验过程。

3. 大多数洗衣机说明书上标有"洗衣机面板不得接触沾水。用户使用不当不属于维修范围。"如果你的洗衣机由于洗衣过程面板被溅水造成故障，厂家有没有理由以说明书为准不给予免费维修？

4. 怎么判断洗衣机防水检验合格？

5. 有人说盐雾试验麻烦，不如直接浸泡在海水（或盐水）中方便，你对此有何看法？

6. 盐雾试验的最后检测由样品技术条件另行规定，结合本书其他章节，你认为一般需要做哪些检测？

7. 湿热试验过程中，会产生哪些物理现象？

8. 影响盐雾试验的主要因素有哪些？

9. IP34 表示什么含义？

10. 气候环境试验可分为几类？

11. 气候环境试验强度与试验顺序有无关系？为什么？

12. 试验箱内干球温度为 40℃，湿球温度为 38.6℃，气压 $p=100kPa$，相对湿度为多少？

13. 某厂家准备在市场推出加湿风扇，把雾化后的水汽从风扇扇叶吹出，增加室内湿度，在干燥地方很受欢迎。做安全试验时，为工作前耐压试验合格，工作 1h 后网罩和带电部件之间耐压合格，电动机外壳和插头之间耐压被击穿。请讨论该产品安全试验是否合格。

14. 接上题。该加湿风扇雾化后水汽通过一塑料软管送到扇叶出风口。该软管和风扇的印制电路板置于同一空间。请问这样做是否合格？如不合格，你认为该怎么改？

15. 标准规定，室外使用的器具必须准备 IPX4 的防水等级，即使器具上面未标注，在进行型式试验时也必须检测。请问，一个未标注防水等级的窗式空调器，该怎么进行防水检测？

二、实操题

按照 GB 4706.1 第 15 章的要求，对某一家用电器进行检验，写出检验步骤。

Chapter 6

第6章　非金属材料检验

知识点

- 耐热（球压）检验
- 灼热丝检验
- 针焰检验
- 耐漏电起痕检验

难点

- 非金属材料试验的选样
- 试验温度的选择
- 进行针焰试验的条件
- CTI 值的测量

学习目标

掌握：

- 非金属材料试验的选样
- 非金属材料试验的设备操作
- 非金属材料试验结果判定

了解：

- 非金属材料试验的目的
- CTI 值的测量

在电器使用过程中，特别是因为某些原因使电器处于非正常工作状态下的时候，会引起电器的工作温度上升，局部出现发电火花的情况。安全标准要求电器在出现非正常工作状态的时候，非金属材料部分具有一定的耐热性和耐燃性，保证家用和类似用途电器在非正常工作状态下也相对安全。本章前三节主要介绍了对家用和类似用途电器非金属材料部分的耐热性和耐燃性进行的检验。本章第 1 节耐热检验是检验器具经受较高的环境温度后的安全性，而本书第 4 章是介绍器具本身的发热情况，请读者注意区分。

而电器在长期的使用过程中会受到灰尘物质的污染，在长期的电压和污染物的作用下，电器的绝缘性能会下降，进而对电器的使用安全带来很坏的影响。本章第4节主要介绍了用试验的方法模拟出长期试验过后的结果，来判定电器是不是符合相关的安全检验标准。

6.1　耐热检验

6.1.1　耐热检验的相关标准

温度对非金属材料的各种性能影响较大，包括电气性能、机械强度、硬度等。在高温下，非金属材料的主要性能一般都会变坏，特别是温度升高到一定程度后，非金属材料与绝缘结构的特性会发生本质的变化。这种变化决定了非金属材料使用的可能性，有些非金属材料在高温状态下或温度急骤变化时（即在热的作用下）会熔融或逐渐变软，机械强度急速下降。这些变化将导致电气强度降低，绝缘电阻下降，爬电距离和电气间隙也将产生变化，严重时可造成电器短路，引起电气火灾、触电等事故。

根据国家标准和国际标准规定，家用电器和类似用途的电器、电器附件及灯具等产品中所使用的非金属材料件应具有充分的耐热性能，以保证这些非金属材料件在使用过程中不对产品产生安全方面的危害。

耐热检验的标准在4706.1中的第30.1条，主要规定如下：对于非金属材料制成的外部零件，用来支撑带电部件（包括连接）的绝缘材料零件以及提供附加绝缘或加强绝缘的热塑材料零件，其恶化可导致器具不符合本标准，应充分耐热。本要求不适用于软线或内部布线的绝缘或护套。通过按IEC 60695-10-2对有关的部件进行球压试验确定其是否合格。

标准气体部分及IEC 60695-10-2请读者自行查阅。

6.1.2　耐热检验的设备及操作规范

耐热检验设备含球压试验装置和高温箱（烤箱）。高温箱只需温度可调即可，下面主要介绍球压试验装置。

球压试验装置由可分离的两部分构成，球压试验装置如图6-1所示，球压试验装置分离图如图6-2所示。

其中，底座为直径50mm、长度100mm的实心不锈钢圆柱体；接触点小圆球直径为5mm；球压配重压力为20N。

耐热检验设备操作规范如下：

1）运行检查：将球压装置插上

图6-1　球压试验装置

热电偶合后放进干燥箱内，打开电源进行预热。预热过程用电子温度表核对数显温度控制器的准确性。

2）准备样品：按标准要求准备样品。

3）进行试验：按标准要求进行预热及施压。

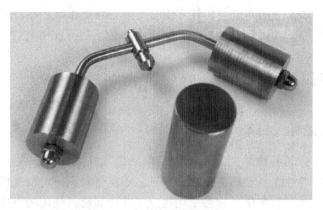

图 6-2　球压试验装置分离图

4）试验结束：试验结束移除样品及球压装置，断开高温箱电源。

5）注意事项：试验过程中需戴上隔热手套，比防止烫伤。

6.1.3　耐热检验的规范流程及结果判定

整改耐热检验含检验准备、球压试验、恢复及测量和结果判定 4 个步骤。

1. 检验准备

检验准备含选样、制样、预处理及温度选择 4 个步骤。

（1）选样　根据 GB 4706.1 的要求，对一个产品有 3 方面的非金属材料件需要进行该项试验：

1）非金属材料制成的外部零件，如外壳上可触及的非金属材料件元件（如开关、旋钮、操作杆）等。

2）支持带电部件（包括连接）的绝缘材料零件，如接线端子、保持带电件定位的非金属材料件等。

3）附加绝缘和加强绝缘作用的热塑性材料零件。

（2）制样　试验样品可直接从产品上拆下或割下，也可用产品的备件。试样的要求：

1）厚度：大于 2.5mm，如果达不到这一要求，允许用几块相同的材料件叠加。叠加时材料间需紧密贴合，不可有空隙。

2）面积：大于 10mm×10mm（或 φ10mm 圆片），允许磨制而成或用相同材料大于 10mm×10mm 的部件代替。

（3）预处理

1）清洁试样：一般用棉球和水或酒精清洗试样。

2）预处理：将试样放置在温度 15～35℃和相对湿度 45%～75%的环境中放置 24h。

（4）试验温度的选择　根据 GB 4706.1 附录 O 的规定，选择试验温度，耐热试验的选择和程序如图 6-3 所示。

一般的外壳非金属件取 75℃±2℃或有关部位在正常运行下所测量最高温升加 40℃±2℃，两者取较高值。

保持带电部件在一定位置上的绝缘固定件取 125℃±2℃或有关部位在正常运行下所测量最高温升加 40℃±2℃，两者取较高值。但有些标准要求的温度更高，如 IEC 60238（爱

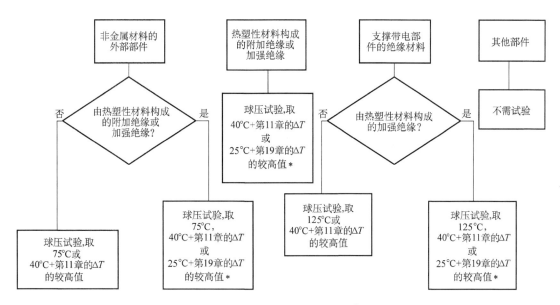

图6-3　耐热试验的选择和程序

注：第11章、第19章是指 GB 4706.1 中的第11章、第19章。

迪生灯座）等，因此对一些产品应注意产品标准中的规定。

用于附加绝缘和加强绝缘的热塑性材料件，应选取25℃±2℃加上非正常运行时的最高温度。但如果温度低于75℃±2℃（外部部件）或125℃±2℃（支持带电部件的部件），则应取高者。

2. 球压试验

国标及 IEC 标准都未对球压试验时样品放入顺序进行规范，由于试验箱标示温度和箱体实际温度有差异，放置样品时开关箱门会造成箱体温度下降，球压装置本身需大量吸热才能达到试验温度等各方面的影响。如简单的在箱体标示温度达到试验温度后放入样品及球压装置，会造成实际温度比国标温度低，降低了试验要求等后果。质检人员务必注意由于操作顺序引起的降低标准要求的情况，以下操作方法为编者推荐的能尽量减少上述影响的操作顺序，读者也可自行思考其他操作顺序。

1）把球压装置及底座放入高温箱进行1h预热，设置高温箱温度为试验所需温度。必要时可在球压底座上布置热电偶检测温度。此步骤避免放入常温的球压装置大量吸热，造成温度下降。

2）达到预热时间后，放入样品，用球压装置压好，施加压力。此步骤要尽量减少开门时间。

3）施压1h后去除试验，进行后续检验。施压1h要扣除由于开门引起的温度下降的时间，以标示温度达到试验温度时开始计时。

样品放置如图6-4所示。

3. 恢复及测量

取出试样后迅速放入冷水中，使试样在10s内冷却至接近室温，要注意备用有充足

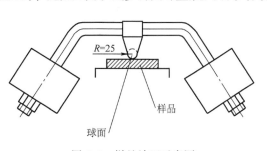

图6-4　样品放置示意图

的冷水。将试样从冷水中取出用棉纱将试样擦干，然后用量具测量压痕直径（3min 内完成）。测量时对一个压痕要在几个方向上测量，以确定最大压痕直径，直径精确到小数后一位。

压痕测量不能测量压痕的最上沿，这样测量会降低样品的耐热性能。如图 6-5 所示，球压试验时，材料的变形不一定全部由压力引起，也可能由于材料的挤压造成升高。故准确的测量方法是从材料与球体的相切处测量。对非圆形压痕，测量其压痕直径最大处的值。

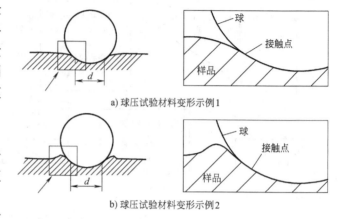

a) 球压试验材料变形示例1

b) 球压试验材料变形示例2

图 6-5　球压试验材料变形示例图

4. 结果判定

如果测得的压痕直径大于 2mm，判为不合格；如果测得的压痕直径不大于 2mm，判为合格。

一般按绝缘材料耐热试验方法取 5 块样品，即取 5 个压痕点进行试验。特别是在临界状态下，应注意多选取几个测点。一般情况下，可取一个压痕点来判断。如有怀疑，可再进行一次。

6.2　灼热丝检验

本节灼热丝检验和下节针焰检验都是用来检验家用和类似用途电器非金属材料的耐燃性能。家用和类似电器在实际使用中可能产生过载、电气短路等非正常运行条件导致过热。电器中使用的非金属材料可能由于过热而引起着火危险。为避免电器产品由于非正常运行而引起过热而产生着火，专门制定了相应的国家标准和国际标准，以确保使用者和环境的安全。

6.2.1　灼热丝检验的相关标准

灼热丝检验相关标准在 GB 4706.1 的 30.2 条。非金属材料零件对点燃和火焰蔓延应具有抵抗力。

1）非金属材料部件承受 GB/T 5169.11—2006（idt IEC 60695-2-11）的灼热丝试验，在 550℃的温度下进行。

2）对有人照管下工作的器具，支撑载流连接件的绝缘材料部件，以及这些连接件 3mm 距离内的绝缘材料部件，经受 GB/T 5169.11（idt IEC 60695-2-11）的灼热丝试验。

3）工作时无人照管的器具按以下规定进行试验。

①支撑正常工作期间载流超过 0.2A 的连接件的绝缘材料部件，以及距这些连接处 3mm 范围内的绝缘材料，其灼热丝的燃烧指数（按 GB/T 5169.12—2013（idt IEC 60695-2-12））至少为 850℃，该试样不厚于相关部件。

②支撑载流连接的绝缘材料部件，以及距这些连接处 3mm 范围内的绝缘材料部件，经受 GB/T 5169.11（idt IEC 60695-2-11）灼热丝检验。

标准详情及 IEC 相关标准请读者自行查阅。

6.2.2 灼热丝检验的设备及操作规范

参见图 6-6，图 6-6a 是灼热丝检验设备的正面图，图 6-6b 是灼热丝检验设备的俯视图。检验开始，灼热丝 9 温度迅速上升，达到设定值后，重量块 5 拉动小车 2，使定位块 1 上的试验样品靠近灼热丝，在高温下灼烧。

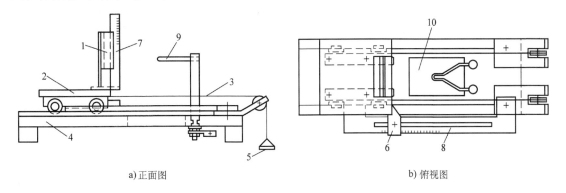

a) 正面图   b) 俯视图

图 6-6 灼热丝检验设备原理图
1—定位块 2—小车 3—拉紧绳 4—底板 5—重量块 6—定位器
7—火焰测量尺 8—穿透度测量尺 9—灼热丝 10—底板上的开孔

灼热丝检验设备必须安装在通风、干燥且远离可燃物的地方，以避免火焰、有毒气体对检验场所和检验人员造成伤害。本检验设备与本章后两节的针焰检验设备与耐漏电起痕检验设备常放一起，并加装大功率抽风机和灭火装置。后两节对设备的安装不再赘述。

操作步骤如下：

1）将电源插头线与 AC 220V 电源相连，接通电源和配电稳压电源。

2）置调试/投入开关于调试位置，夹好样品。

3）设置时间 Ta、Ti、Te（详细定义见检验规范流程的观察测量部分）。

4）7mm 限位调节：按"右行"键，使灼热丝与样品刚好接触，调整限位机构使 3 个时间继电器开始计时。按"左行"键返回左面。然后置调试/投入开关于投入位置，按"试验启动"键驱动车带小车向右走，至小车碰到灼热丝后即停止，但驱动车继续右移一段路程后停止，检查小车与大车之间是不是 7mm，如果多或少，可调整使之满足要求，然后再按停止键，使小车回到左面。

5）灼热丝升温：接通温控箱电源，将温控仪整定温度调到需要值，并将加温设定旋钮调到需要值。按升温键，灼热丝开始升温。考虑到电源电压波动环境温度高低，加温时，可根据实际情况设定。如：650℃档，若升温升不上去，可设定到 750℃档，若升得过快可设定到 550℃档。必要时调整温控仪电流大小，控制温度上升速度。

6）温度达到规定值后按"试验启动"键开始试验，施加时间到后，设备自动断电。试验中观察样品燃烧情况，及时操作 Ti、Te 键。

7）记录数据后按"试验停止"键，各元件复位，开风机抽风排除烟气。

8）试验中要中断可按"试验停止"键，加温中断可按"加温停止"键。

9）试验结束后，要清理燃烧的灰垢和烧结物对箱体产生的腐蚀。

6.2.3　灼热丝检验的规范流程及结果判定

灼热丝检验可分为检验准备、施加试验温度、观察和测量及结果判定4个步骤。

1. 检验准备

检验准备需选择好被试样品并对其进行预处理，根据标准选择试验温度。

（1）选样及预处理　依据国标 GB 4706.1 附录 O 进行样品的选择。注意以下部件不需要进行灼热丝检验：电源线的绝缘材料；支撑熔焊连接件的部件；支撑低功率电路中的连接件的部件；印制电路板的焊接连接件；印制电路板上小元件的连接件；距这些连接处 3mm 内的部件；手持式器具；必须用手或脚保持通电的器具；持续用手加载的器具。

不需进行灼热丝检验的还有一种特殊情况：对无人照看器具中支撑载流连接的绝缘性材料，如正常工作时载流超过 0.2A 的，其材料类别的灼热丝起燃温度至少达到 775℃的；如正常工作时载流不超过 0.2A 时，其材料类别的灼热丝起燃温度至少达到 675℃的也不需要进行灼热丝检验。

试样的结构形状应尽可能和实际的电器产品的结构形状一致，以保证在整个检验过程中试样所得到的热量和实际情况一致。如果由于电器产品过大而无法进行此项检验时，应从电器产品上割下一块，但要保证所割下的试样应最大限度的反映试样在实际产品中的受热情况。如果从电器产品上割下部分不能进行此项检验（如产品过小），可以用相同材料的模压试样来代替，其平面尺寸要能适合于检验，其厚度应尽可能和实际电器产品（零部件）一致。

选择好试样后，将试样放在 15～35℃、相对湿度 45%～75% 的条件下 24h。

（2）试验温度的选择　试样的试验温度与试样在电器产品中的位置和被支持载流部件的电流大小有关。确定试样的具体温度，应查核相应的产品标准。由于标准的不断修改，其试验温度也有一些变化，一般试验温度范围为 500～960℃。表 6-1 是 GB 4706.1 所规定的试验样品及其对应的试验温度。详细的检验流程如图 6-7 所示。

表 6-1　试验样品及其对应的试验温度

无人照看器具			有人照看器具			其他外部部件
支撑载流的连接件(及 3mm 内的)的绝缘材料		灼热丝试验温度	支撑载流的连接件(及 3mm 内的)的绝缘材料		灼热丝试验温度	灼热丝试验温度
载流电流值	>0.2A	750℃	载流电流值	>0.5A	750℃	550℃
	≤0.2A	650℃		≤0.5A	650℃	

2. 施加试验温度

被试样品的被试点所在平面应和灼热丝检验设备的灼热丝垂直。灼热丝的顶部应施加在试样的实际使用中受热应力最大的点。如这一点不容易确认，应选择试样上的相对薄的点。如果在检验中需要施加铺底层，典型的铺底层是由 10mm 厚的白松木板外包一层绢纸组成，将其放置在灼热丝下 200mm ±5mm 的位置，应按 GB/T 5169.11 的规定安放好铺底层。为保证试验点的选择准确，应将灼热丝在未施加电流之前与被试样品接触，以检查试样的安装位置是否符合要求。调整试样准确无误后，灼热丝和试样脱离。根据 GB/T 5169.11，将规定

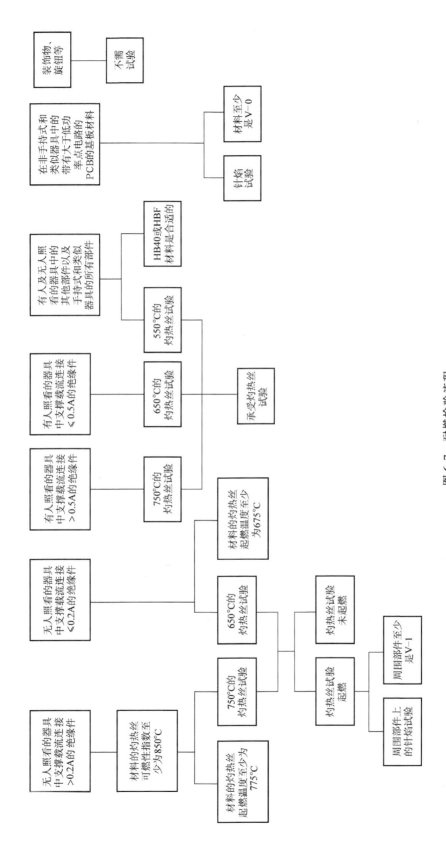

图 6-7 耐燃检验流程

注：HB40、HBF、V-1、V-0 是按 GB/T 5169.16—2008 划分的阻燃材料类别。

温度的灼热丝与试样接触，并开始计时，接触持续时间为30s±1s。在灼热丝与试样持续接触期间，由于试样的性质不同，可能使灼热丝的温度升高或降低，使加热灼热丝的电流产生波动，这期间要保持开始使灼热丝达到规定试验温度的电流值。另外，要保证使灼热丝与试样接触的30s±1s期间，灼热丝的顶端在试样内能平滑移动，且限制在7mm之内。

3. 观察和测量

进行家用电器产品灼热丝试验要主要观察并测量如下数据：

1）灼热丝和试样接触后铺底层的起燃时间 t_1。

2）灼热丝和试样接触后试样的起燃时间 t_2 以及灼热丝和试样脱离后试样后燃时间 t_3。

3）记录火焰的高度。

4. 结果判定

下述情况为合格：

1）试样未燃或不灼烧。

2）铺底层未起燃或铺底层松木块未灼烧。

3）试样起燃，如后燃时间 $T_e \leq 30s$。

另外，对于家用电器产品的整机进行评定时，还应按产品标准中的试验流程对不同部件进行相关的试验，所有部件都合格才能判定整机合格。

6.3 针焰检验

6.3.1 针焰检验的相关标准

针焰试验是模拟家用电器产品内部元件短路、闪络、放电等发生火花而产生局部起燃，并考核是否导致火焰扩大或蔓延而发生电器燃烧。对家用电器产品而言，还考核电器产品由于电器内部局部过热而产生电器局部燃烧后是否波及周围的零部件，并引起周围部件起火。针焰试验是评定家用电器产品是否耐燃的系列方法之一。

针焰检验的相关标准见 GB 4706.1 第30.2.3.2条和30.2.4条及其附录 E。

其中30.2.3.2条及30.2.4条对针焰检验的适用范围做出了规定：可经受灼热丝试验，但在试验期间产生的火焰超过2s的器具，进行下述附加试验。对该连接件上方20mm 直径、50mm 高的圆柱范围内的部件，进行针焰试验。但用符合针焰试验的隔离挡板屏蔽起来的部件不进行试验。对于印制电路板的基材，进行针焰试验。

附录 E 规定了针焰试验方法，采用 IEC 60695-2-2 的规定，并对其进行了修改。

标准详情及引用的 IEC 标准请读者自行查阅。

6.3.2 针焰检验的设备及操作规范

图 6-8 是针焰示意图，包括

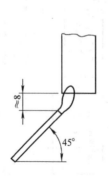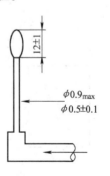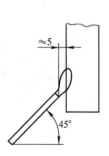

图 6-8 针焰示意图

火焰的高度、燃烧的方位、离试样的距离。图6-9是针焰试验箱结构图，图6-10是针焰试验箱实物图，且显示试验时试样燃烧情况。

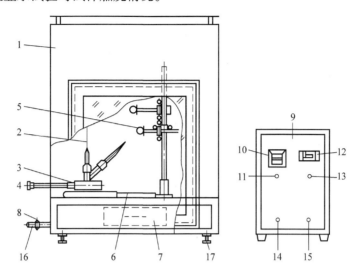

图6-9　针焰试验箱结构图

1—箱体　2—针　3—角度设定　4—角度调节　5—夹具　6—试验用盘　7—UL试验用盘
8—气阀　9—控制板　10—燃烧时间　11—指示灯　12—后燃时间　13—指示灯
14—电源指示　15—电源开关　16—供气接头　17—水平调节

图6-10　针焰试验箱实物图

针焰试验箱与灼热丝检验设备操作非常类似，操作步骤如下：

1）将电源插头线与AC 220V电源相连，接通电源和配电稳压电源。

2）将95%丁烷气（或其他燃料，如打火机气体）接入设备。

3）设置施燃时间。

4）点燃可燃性气体，并使小车右行，观察火焰高度与样品位置（注，此时未夹入样品），保证火焰与样品位置符合图6-8。确定位置合适后复位设备并熄灭火焰。

5）夹入样品，点燃火焰。

6）按"试验启动"键开始试验，施加时间从火焰与样品接触时开始计时。试验中观察样品燃烧情况，及时操作 Tb 键（对后燃时间进行计时）；如试验开始后发现火焰与样品位置不符合规定，可在此步骤重新调整样品位置。复位、更换样品后重新开始试验。

7）记录数据后按"试验停止"键，各元件复位，开风机抽风排除烟气。

8）试验中要中断可按"试验停止"键，加温中断可按"加温停止"键。

9）试验结束后要清理燃烧的灰垢和烧结物对箱体产生腐蚀。

6.3.3 针焰检验的规范流程及结果判定

针焰检验包含检验准备、施加针焰、观察测量、结果判定4个步骤。

1. 检验准备

（1）选样 根据灼热丝检验结果，灼热丝试验燃烧的连接件上方20mm 直径、50mm 高的圆柱范围内的部件；印制电路板基材。

为保证检验准确性，选择3个试样进行此项试验。

从电器上割下或拆下的部分部件，但要保证这些部件的条件和正常使用时一致，尤其是选择热应力和实际相符的部件。

注：下述印制电路板的基材不需要做针焰检验：低功率电器的印制电路板；防火或防火性金属外壳；手持式器具；必须用手或脚保持通电的器具；连续用手加载的器具。

（2）试样预处理 试样放置在温度 $15 \sim 35℃$，相对湿度 $45\% \sim 75\%$ 的条件下 24h。

2. 施加针焰

试样经预处理后，准备施加试验火焰。首先确定试验火焰施加点。如无特殊规定，火焰施加点应选择在图6-8 所示的水平或垂直边缘，如果可能，施加火焰里样品边角至少10mm。固定夹持试样时，应不对试验火焰或火焰蔓延效应产生影响。在试样下方200mm ±5mm 处放置铺底层。确认试验火焰的施加时间，一般情况下，试验火焰的施加时间是30s ±1s；但如果是灼热丝试验后选定的有关零件进行针焰试验，此时施加试验火焰的持续时间是灼热丝试验期间所测定的火焰熄灭时间。

施加火焰现场照片如图6-10 所示。

3. 观察测量

1）施加试验火焰期间，观察试样或铺底层是否起燃，如起燃应记录起燃时间。

2）如样品燃烧，在针焰离开样品后观察样品火焰何时熄灭，并记录后燃时间 T_b。

3）产品标准要求的其他观察记录项目。

4. 结果判定

如果试样符合下列条件之一，针焰检验判定为合格。

1）试样没有起燃或灼烧现象，铺底层没有起燃或灼烧。

2）试验火焰脱离试样后，试样后燃时间小于30s，对于印制电路板，后燃时间不大于15s。

3）如3个试样的第一个未通过本试验，则继续对后两个试样进行试验，后两个试验全部通过。

4）有些产品的特殊标准规定的合格判定条件。

6.4 耐漏电起痕检验

6.4.1 耐漏电起痕检验的相关标准

电器产品在使用过程中，由于环境的污染等，使绝缘材料在电场和表面能离解的污物在材料表面的联合作用下，使绝缘材料表面漏电或局部放电，在绝缘材料表面形成稳定的导电通道，诱发腐蚀而损坏其绝缘性能。尤其是在表面充满污物、潮气时，其绝缘性能损坏将更严重，这种绝缘材料的特性决定电器产品在污染比较重或电器产品在使用中，本身在其绝缘上产生污物、水气的情况下，将导致电器产品绝缘系统的加速破坏，以致产生危害人身或环境的不安全因素，有些材料短时的耐电压强度很高，但长期处于电压作用和污物作用下，其承受的电气强度并不高，这将导致在此条件使用的电器产品绝缘加速变坏，影响电器产品的安全性能，因此在设计电器产品时，应对此引起极大的关注，要根据电器产品使用的环境和承受的电场强度等因素综合考虑绝缘系统，以确保使用安全。耐漏电起痕检验就是一种人工加速试验，它模拟非常严重的作用条件。加速的目的是检验绝缘材料在规定的条件下是否能形成漏电痕迹，从而能在短期内区别固体绝缘材料漏电起痕的能力，保证电器产品在特定环境条件的使用安全。

GB 4706.1 对耐漏电起痕检验的规定在附录 N，规范了耐漏电起痕检验的试验方法：引用 IEC60112 规定的试验方法，并对其中部分进行了修改。GB 4706.1 其他部分引用了耐漏电起痕检验的结果，如 GB 4706.1 第 29 章（本书 3.6）就引用了耐漏电起痕检验结果。

6.4.2 耐漏电起痕检验的设备及操作规范

图 6-11 是耐漏电起痕检验设备，其中图 6-11a 是耐漏电起痕检验的电极装置，两电极放在被试样品上，电极之间相距 4mm，根据样品实际工作条件，两电极之间对应不同的电压；图 6-11b 是耐漏电起痕的滴液装置部分，在两电极中间的上方有一滴液管，以一定的速率（30s ±5s 的间隔）使液滴（0.1% 的氯化铵）滴到试样上，直到滴完 50 滴或试样发生破坏为止（试样燃烧或继电器动作）。图 6-12 是耐漏电起痕试验仪，图 6-13 是耐漏电起痕试验样品燃烧的状况。

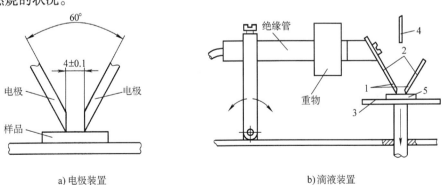

a) 电极装置   b) 滴液装置

图 6-11 耐漏电起痕检验设备

1—电极 2—电极支架 3—样品支架 4—滴液管 5—样品

图6-12 耐漏电起痕试验仪

图6-13 耐漏电起痕试验样品燃烧的状况

设备操作规范如下：

1）开机设定参数，打开"电源"开关，待各仪表显示正常后，按试验规范要求设定好主控面板上的各项试验控制参数，如试验电压、滴液时间间隔和滴液次数。

2）按下照明开关打开试验箱内置照明灯，清洁试验箱内环境，检查试验箱放置是否稳定，保证试验过程中不会发生振动干扰。

3）检查溶液盛载筒内液体是否足够（一般要求大于20ml），调节溶液滴落针头高度，保持液滴从针头滴出到样块表面的行程高度为35mm±4mm。按控制面板上"排空"按键，排除溶液供输管道内的空气，同时调节液量控制阀门，将滴出溶液重量控制在（标准为50滴量总重）0.997～1.147g。

4）进行运行检查，即进行短路试验，操作方式为：按下"短路"开关，电流表应显示为1A±0.1A，2s后蜂鸣器发出警报提示，"短路"开关指示灯亮。

5）进行试验。

6）试验完毕，打开排气扇，将试验箱内烟雾排净；打开箱门把试验样品的残渣和箱体清理干净。按"停止"按钮，再将各按钮设定于复位或关闭状态，然后关闭电源开关。

6.4.3 耐漏电起痕检验的规范流程及结果判定

耐漏电起痕检验流程如下：选择试样→试样预处理→试验前的准备→实施试验→试验结果的判定→试验报告。

1. 选择试样

如果试样是从电器产品上直接选择，应考虑电器产品的工作条件和电器产品本身绝缘材料所承受的电气强度（电应力），其工作条件分为：

1）长期电应力（电场力）：即电器产品中的绝缘长期受到电应力的作用。

2）长期使用的电器：电器本身没有规定额定工作时间或间断时间，都属于长期使用的电器。

3）由一个通断开关控制的电器：主要指某些长期和电源连接的电器，但电器的功能是由一个通断开关来控制，即使通断开关处于"断"的位置，电器还是和电源连接在一起，如一些固定安装使用的电器。

4）有一个单极开关控制的电器（中性线和相线的极性不能确定的电器）：这里指电器中的开关，只装在相线或中性线中的一根线上的电器。当开关处于"断"的位置时，可能是将中性线断开，而相线中还有电，即电器中的绝缘仍受到电场力的作用。

2. 电器产品的工作条件

1）正常工作条件：绝缘体上没有导电沉积物，但有长期电应力的作用，或有轻微导电沉积物而受短期电应力作用，如封闭式电动机的绝缘和一些封闭式开关等。而在清洁环境下使用的许多家用电器中的绝缘材料，也不认为承受导电沉积物，但我国家用电器使用的工作环境条件比较恶劣，应考虑此问题。

2）严酷工作条件：有轻微的导电沉积物和长时间的电应力，或有严重的导电沉积物和短时间的电应力，例如电风扇加热器属于此类。

3）极严酷工作条件：有极严重的导电沉积物和长时间的电应力，或有极严重的导电沉积物和短时间的电应力，例如电冰箱上的一些绝缘件和洗碗机上的绝缘件属于此类。

因此选择试样时要考虑的主要因素包括两个方面，即电器的工作条件和电器绝缘受到电应力的时间长短。有些电器中的绝缘材料是否要进行该项试验完全取决于对上述两个条件的判定。而且对相同工作条件的电器中的绝缘材料，所处的位置不同。在考虑上述两个条件时，也将有不同的结果，换句话说，同一电器中有些绝缘件需要进行该项试验，而有些绝缘材料不需要进行该项试验。因此在选择试样时，应对上述情况十分注意。

3. 试样的制样和预处理

试样的尺寸应大于 15mm × 15mm，厚度应不少于 3mm，表面应平整无伤痕。在选择试样时应考核材料的方向性，如果试样表面不平整，允许多块试样叠加一起，也允许对试样表面研磨（但应在报告中说明）。

选择符合试验要求的试样后，应对试样表面进行预处理：包括清洁试样表面的灰尘、脏物、指印、油脂、脱膜剂或其他影响结果的杂质。一般用棉球浸酒精来清洁试样，接着用浸蒸馏水的棉球再清洁试样。清洁时注意用医用夹子夹持试样以免在试样上形成指纹。如果用酒精清洁试样时引起试样溶胀、软化、腐蚀或其他损伤要改用蒸馏水等来清洁试样。

4. 试验前的准备

1）试验设备电极的处理：用浸水棉球擦净电极，如果电极蚀损，应重新研磨后使用。

2）电解液的检查：由于电解液易于蒸发而影响电导率，因此试验前应检查试验用的电解液是否符合 GB 4706.1 的要求。检查方法是用电导率仪测定电解液的电导率。

3）滴液大小的检查：由于滴液装置易受腐蚀和滴液管的堵塞等原因，试验前应检查滴液的大小。检查方法：用 1mL，或其他规格的量杯，从试验设备上滴下滴液 44～50 滴。如果滴液达到 1mL，则证明滴液大小符合 GB 4706.1 的要求。反之应检查原因，重新调整设备中的滴液大小。

4）滴液间隔时间的检查：一般滴液之间的间隔时间为 30s ± 1s。

5）短路电流的检查：根据试验要求在调整到一定试验电压时，当电极之间短路时其短路电流应为 1.0A ± 0.1A。检查方法较多，但应注意这时的电压是电极末端短接时的电压。调好电压后电极短路后的电流值应符合上述的要求。

6）试验时的环境温度：试验时的环境温度应为 23℃ ± 5℃，而且空气不流动。

5. 试验温度的确定

在正常工作条件下使用的绝缘材料零件和陶瓷材料零件，不进行该试验。

对在严酷工作条件下使用的绝缘材料零件，试验电压为175V。如果此材料没有经受住该试验，但除了起火外没有其他的危险，则周围零件经受针焰试验。

对在极严酷工作条件下使用的绝缘材料零件，试验电压为250V。如果此材料没有经受住该试验，但已经受住试验电压为175V的该试验，并且除了起火外没有其他的危险，则其周围零件经受针焰试验。

6. 实施试验

耐漏电起痕试验评定方法有两种，一是测定PTI值，另一是测定CTI值。一般电器中的绝缘材料测定PTI值，如果单独评估绝缘材料的最高电压值，则测定CTI值。两种值的试验过程没有太大的区别，主要区别在于结果的判断和试验次数的不同。

（1）测定PTI值　将处理过的样品水平地放置在绝缘支撑板上，电极按规定的压力与试样表面良好接触。接触是否良好可用手电筒照在电极之间，然后从电极外侧观察光是否在和试样接触的位置透出。如透光，应检查试样表面是否平整并处理。用量规检查两电极之间的距离应为4.0mm±0.1mm。接通电源并施加规定的电压值，同时启动滴液装置，使滴液以30s±5s的间隔滴到试样上，直到滴完50滴或试样发生破坏为止（不超过50滴）。试验应在5个试验点上进行。如果在同一试样上进行多次试验，则应注意试验点之间要有足够的间隔，以保证试点上的飞溅物不污染其他的被试表面。在进行PTI试验时，不要对样品的正反两面试验，而只选择电器中工作条件严酷易于产生漏电起痕的一面进行。

（2）测定CTI值　CTI值的测定和PTI的测定过程变化不大，但在试验设备操作时，对每一个试验电压值，要注意调整设备的电极短路电流。在未知试验材料的CTI值时，一般从300V电压开始，然后增减电压值（以25V或25V的倍数）进行试验。

例如，取一个试样点施加300V，50滴。如果通过此试验，再升此电压为325V（或25V的倍数）。如通过，再升电压值，直到50滴发生破坏为止。然后降低电压值25V，用5个试样进行试验；如果5个试样不全通过，再降25V，用5个新试样进行。如果通过，则再降25V，用100滴进行试验。如果通过，这个电压就是CTI值。

6.4.4　结果判断和报告

1. 结果判断

试验过程中，如果电极之间的电流大于0.5A，过电流继电器延时2s动作，或过电流继电器虽未动作，但试样燃烧都认为已发生破坏。

2. 试验报告

耐漏电起痕试验报告有一些特殊要求，一般报告中应含如下内容：

1）被试材料的型号和名称。

2）材料生产厂和出厂日期。

3）试样厚度（单片）。

4）试样表面特点。

5）试样表面是否经过预处理。

6）试验所用电极材料（如果不是铂金电极，需在报告中注明）。

7）试验所用溶液。

8）蚀损深度。

9）耐漏电起痕指数。

——在规定的试验电压通过或破坏，例如 PTI 175 通过或 PTI 175 破坏。

——在规定的蚀损深度和规定的试验电压下通过或破坏，例如 PTI 250 ~ 0.8 通过或 PTI 250 ~ 0.8 破坏，0.8 表示蚀损深度 0.8mm。

10）由于试样燃烧或没有形成漏电痕迹而过电流继电器发生动作。

11）试验日期及试验温度。

<h1 style="text-align:center">习　题</h1>

一、思考题

1. 洗衣机中哪些部件在什么情况下要做针焰试验？

2. 洗衣机中哪些部件要做耐漏电起痕试验？试验等级如何？

3. 测定 CTI 值有什么用？GB 4701.1 中哪些试验需要引用 CTI 值？

4. 一无人照管的电器，器具内载流为 0.3A，某企业用 PP 材料支撑带电部件，你认为应怎样检验其设计的合理性？（针对 PP 材料写出具体试验条件）

5. 为什么要做球压试验？怎么判断球压试验合不合格？

6. 灼热丝试验的温度怎么确定？

7. 为什么要记录灼热丝试验的火焰高度？

8. 怎么判断灼热丝试验结果？

9. 什么情况下要做针焰试验？怎么判断试样是否合格？

10. 耐漏电起痕试验的目的是什么？

二、实操题

1. 根据 GB 4706.1 第 30.1 条的要求，对某一个电器的非金属材料进行球压检验，判断其合格性。

2. 根据 GB 4706.1 第 30.2 条的要求，对某一个电器的非金属材料进行灼热丝检验，判断其合格性。

Chapter **7**

第7章 机械类检验

 知识点

- 机械强度检验
- 电源线拉力、扭力检验
- 电源线耐久性检验
- 稳定性检验

难点

- 弹簧冲击点的选定
- 电热器具的稳定性检验

学习目标

掌握:

- 机械强度检验冲击点的选取及结果判断
- 电源线拉力、扭力检验设置的使用
- 电源线耐久性检验设置的使用及结果判断
- 稳定性检验的结果判定

了解:

- 检验目的
- GB 4706.1 第 20、21、25 章

7.1 机械强度检验

7.1.1 机械强度检验的相关标准

电器产品在实际使用过程中或运输等过程中可能受到粗鲁操作的危害,使产品本身造成损坏,导致产品安全性能下降,包括使外壳变形、影响爬电距离和电气间隙、产品结构发生变化、影响产品的散热等。严重时影响产品的防触电保护能力,使绝缘电阻和电气强度下降。外壳防护能力下降最终危害使用者的人身安全。机械强度试验用于检验电器产品的抗粗

鲁对待和使用，以及防利器刺穿的能力。

机械强度检验的标准为 GB 4706.1 第 22 章，主要有以下两条：

1）器具应具有足够的机械强度，并且其结构应经受住在正常使用中可能会出现的粗鲁对待和处置。用符合 IEC 60068-2-75 的 Ehb 规定的弹簧冲击器进行冲击试验，确定其是否合格。器具被刚性支撑，在器具外壳每一个可能的薄弱点上用 0.6J 的冲击能量冲击 8 次。

2）固体绝缘的易触及部件，应有足够的强度防止锋利工具的刺穿。对绝缘进行下述试验，以确定其是否合格。如果附加绝缘厚度不少于 1mm 并且加强绝缘厚度不少于 2mm，则不进行该试验。

试验的具体标准和引用的内容请读者自行查阅。

7.1.2　机械强度检验的设备及操作规范

本试验主要使用弹簧冲击锤（见图 7-1 和图 7-2）、钢针和试验指甲（图 7-3 和图 7-4 分别为试验指甲的结构和实物）。其中钢针要求针头端部为 40° 的圆锥形，尖端圆周半径为 0.25mm + 0.02mm。

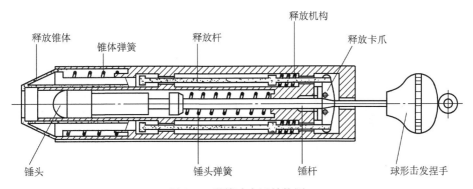

图 7-1　弹簧冲击锤结构图

图 7-2　弹簧冲击锤实物图

1. 弹簧冲击锤

弹簧冲击锤模拟器具正常使用中可能遇到的机械撞击，用来检查器具外壳承受机械冲击的能力，检查外壳是否存在由于冲击引起触及带电部件、受潮或电气间隙爬电距离减少的危险。

冲击锤由三大部分组成，如图 7-1 所示。

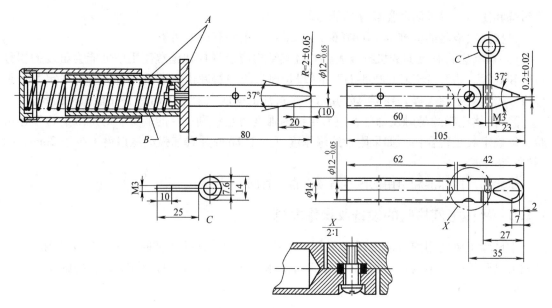

图7-3　试验指甲结构图

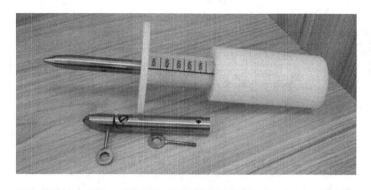

图7-4　试验指甲实物图

1）壳体。包括外壳、释放机构和固定在这些部件上的零件，总质量为1250g。

2）冲击元件。包括锤头、锤杆和球形击发捏手，总质量为250g，锤头为半径$R=10\text{mm}$的半球，硬度为HR100，用聚酰亚胺材料制成。当冲击元件在释放点时，从锤头顶端到锥体前平面的距离为20mm。

3）释放锥体以及锥体弹簧。释放锥体质量为60g。

2. 试验指甲和钢针

试验指甲和钢针模拟器具正常使用中可能遇到的利器穿刺，用来检测器具绝缘外壳经受穿刺的能力，检查外壳是否存在由于利器穿刺引起电器强度降低等危险。

3. 操作规范

冲击锤的操作规范有如下规定：

1）根据检验要求，选择合适的冲击锤。冲击锤有0.2J、0.22J、0.25J、0.35J、0.50J、0.70J和1.00J等多种规格，供执行不同标准检验用。对应IEC 60335和GB 4706选用0.5J±0.04J的冲击锤。对灯具类产品，选用0.2J、0.35J、0.50J和0.70J多量程的规格。

2）对多量程的冲击锤，参照校准曲线设置量程或选定量程。

3）拉动击发球柄直至限位为止，将释放锥对准被试部位然后释放。

试验指甲的操作参见本书第3章3.7节部分。

7.1.3　机械强度检验的规范流程及结果判定

1. 冲击试验及结果判定

1）根据 GB 4706.1 中的规定主要对如下几个部位进行冲击试验：样品外壳的薄弱处；器具外壳上的手柄、操作杆、旋钮和类似零件；信号灯和它的外罩（如果指示灯凸出外壳10mm，或表面积大于 $4cm^2$）。

2）固定被试样品。根据 GB 4706.1 的要求，要将样品刚性地支承在聚胺树脂板上。要注意施加冲击的点和树脂板要垂直，而对不同的冲击点要调整样品和树脂板之间的固定位置，尽可能做到如图 7-5 所示的固定。

3）实施冲击。根据 GB 4706.1 的要求，对所选的每个冲击点连续冲击 3 次。样品内的灯和罩盖，只有使用可能损坏时，才进行此项试验，如电冰箱内照明灯的罩盖。

4）结果判定。冲击试验本身为过程性试验，试验结束后借助其他试验来判定冲击检验是否合格。

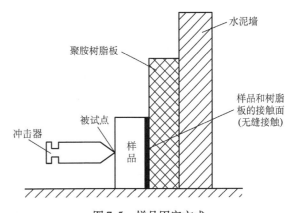

图 7-5　样品固定方式

试验后，器具应显示出没有 GB 4706.1 意义内的损坏，尤其是对 8.1 条、15.1 条和第 29 章的符合程度不应受到损害。在有疑问时，附加绝缘或加强绝缘要经受 16.3 条的电气强度试验。

其中 8.1 条的符合程度受到损害指防触电结构不合格，如带电部件外露。

15.1 条的符合程度受到损害指影响防水性能，主要指原来密封的电器部件经冲击后，密封受到损坏。

第 29 章的符合程度受到损害指冲击后爬电距离和电器间隙不合格。

以上 3 条主要通过视检完成，如视检有疑问，则在被试样品的附加绝缘或加强绝缘要经受 16.3 条的电气强度试验，借此判定冲击检验是否合格。

2. 试验指甲和钢针试验及结果判定

（1）钢针　绝缘温度上升到在 GB 4706.1 第 11 章（本书 4.2 节）测得的温升。然后，使用坚硬的钢针对绝缘表面进行剐蹭。针头保持在与水平面 80°～85°，施加 10N ± 0.5N 的轴向力。针头沿绝缘表面以大约 20mm/s 的速度滑行，进行剐蹭。要求进行两行平行的剐蹭，其间要保证留有足够的空间不致互相影响。其覆盖长度约达到绝缘总长度的 25%。转 90°再进行两行与之相似的剐蹭，但它们与前两行剐蹭不可相交。

（2）试验指甲　用试验指甲以大约 10N 的力对已被剐蹭的表面进行试验。

（3）结果判定　使用坚硬钢针施加一个 30N ± 0.5N 的垂直力于绝缘表面的一个未剐蹭

部位。以该钢针为电极对绝缘进行电气强度试验（本书3.3节，GB 4706.1），电气强度试验合格则判定为机械强度检验合格。

7.1.4 机械强度检验常见不合格案例与整改

机械强度检验不合格在国家实验室的型式试验中非常少见。该检验不合格案例主要出现在整机厂产品开发阶段和原材料进厂检验阶段。

机械强度检验不合格后，整改一般都采取更换外壳原材料的方式。整机厂检验人员一般不需对该检验不合格进行结构整改，故不再赘述。

7.2 电源线拉力、扭力检验

家用电器产品使用过程中电源线受到的拉力或扭力，电源线在拉力、扭力作用下，绝缘层可能受到损坏、电源线的连接端可能否发生产生松脱。

7.2.1 电源线拉力、扭力检验的相关标准

电源线拉力、扭力检验的相关标准在 GB 4706.1 的 25.15 条。主要规定如下：

带有电源软线的器具，以及打算用柔性软线永久连接到固定布线的器具，应有软线固定装置，该软线固定装置应使导线在接线端处免受拉力和扭矩，并保护导线的绝缘免受磨损。

其他内容请读者自行查阅。

7.2.2 电源线拉力、扭力检验的设备及操作规范

1. 检验设备

本检验设备（见图7-6）由底座、立柱、滑套、直流力矩电动机、拉杆（连接头）、测距百分表等组成。直流力矩电动机、拉杆、测距百分表固定在滑套上，滑套可以在立柱上方便地上下移动，使拉杆能调节到适合电源线出线口的高度，然后锁紧。电源线夹紧在拉杆上。利用测距百分表测量电源线在拉力作用下移位的距离。

设备外置一个电控箱，试验电源通断、试验次数的预置、计数和试验时间等均由电控箱控制。

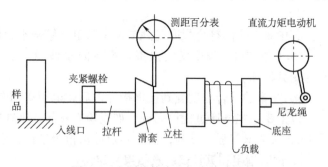

图 7-6 电源线拉力、扭力检验设备

2. 操作规程

（1）选择拉力 进行电源线拉力试验时，根据被试样品的质量选择合适的拉力，见表7-1。

（2）调节拉杆与被拉电源线位置 进行电源线拉力试验时，要求拉杆与被拉电源线中心对准。调节时先将滑套上的紧固把手松开，使滑套能上下滑动。当拉杆中心高度与被试样品电源线出线口中心高度一致时，拧紧紧固把手，使滑套固定不再移动。移动样品或试验设备的相对位置，使电源线出线口轴线与拉杆轴线重合。

表7-1 拉力和扭矩

器具质量/kg	拉力/N	扭矩/N·m
≤1	30	0.1
>1 且≤4	60	0.25
>4	100	0.35

（3）夹紧被试电源线 拉杆与被试电源线对准后，用拉杆的夹子夹住电源线，拧紧紧固螺栓，直到夹紧电源线。同时将支撑顶紧被试样品电源线出线口位置，使被拉电源线张紧拉直即可。

（4）调整测距百分表 装上测距百分表，使测距百分表的顶杆端部抵着拉杆上的定位件，不要使测距百分表的顶杆压缩太多，以免电源线被拉长后，顶杆的活动范围不够。

（5）接通电源试验 将电控箱连接到供电电源上，接通电控箱上的电源开关，启动并使被试电源线拉紧，随即调整测距百分表的盘，使测距百分表的指针指在零处，此为拉力试验开始时电源线的起始位置。

直流力矩电动机通、断电一次，电源线经受拉力试验一次，达到25次拉力试验后自动停机，并使电裸线保持在被拉吸状态。此时，记录下测距百分表的读数即为试验后电源线移位的距离。

拉力试验结束后马上进行扭力试验。将尼龙绳的一端固定在拉杆的套筒上并绕几圈，再跨在滚轮上，尼龙绳的另一端悬空。

根据GB 4706.1要求扭矩的大小，选定相应的重锤，将重锤挂在悬空的尼龙绳一端并开始计时，受重锤的重力作用，尼龙绳带动套筒、拉杆及被试电源线一起转动，使电源线承受扭力矩的作用，试验时间为1min。从挂上重锤开始计时，到1min取下重锤，试验结束。卸下电源线，按GB 4706.1的要求进行检查。

7.2.3 电源线拉力、扭力检验的规范流程及结果判定

检验程序：确定被试样品→试验前的准备→实施试验→试验结果检查。

1. 确定被试样品

根据试验目的，器具带有电源软线时要进行此项试验，如果器具和电源的连接是采用其他方式，则不用进行此项试验。对带有自动圈线盘的器具不用进行拉力、扭力试验。另外，器具通过输入插口方式和电源连接时也不用进行此项试验。如果器具通过电源软线接到固定配电线路，则应进行此项试验。对一些特殊的器具应根据该产品的特殊安全标准判断是否进行本项试验。

2. 试验前的准备

准备一些特殊的样品夹具；夹持被试电源软线试验样品；确定电源线初始拉力的标识等。样品夹具的准备要考虑能把样品牢固、方便、可靠地固定在试验位置上，夹持方式不对会造成样品损坏或变形；安装试验样品时，要注意尽量使电源线在器具出口外被牢固夹持，如果夹持位置离器具出口较远，在拉力、扭力试验时，有可能由于软线转动圈数太多，而无法进行有效的扭力试验；确定电源软线初始拉力标识是通过在电源软线上施加规定的拉力后确定，确定方法随拉力试验的不同而有所不同。如果用弹簧拉力计进行拉力试验，则将电源

线固定好后，通过弹簧拉力计施加规定的拉力。在距固定装置20mm处或其他适当位置用适当的笔画一条标识线；如果拉力机是用砝码和被试器具电源软线连接，在器具电源线出口处画一条标识线。画标识线时，应注意在被试器具的电源线出口处确定其基准面，以便试验后在标识线和器具出口处的基准面之间测量距离。

3. 实施试验

经过上述准备后，实施拉力、扭力试验。

1）拉力试验：拉力试验在选择规定的拉力下进行25次，每次施加拉力的时间是1s，此时间是施加全部拉力值的维持时间，受力方向应和器具出口处被试电源线的轴线平行，每次施加拉力应逐步加大，不要用爆发力，以免由于拉力加速度过大而影响试验结果。

2）扭力试验：拉力试验后，紧接着进行扭力试验。扭力试验的扭矩也是逐步施加的，并保持所规定的扭矩1min，扭矩的计算以被试电源软线的外表面到电源线的中心为计算力臂的长度。对扁平线，以矩边为基准，以保证试验结果的可靠度。

4. 检验结果判定

拉力、扭力试验结束后，通过视检、手动试验和位移测量判定其是否合格。

1）视检和手动试验内容如下：查看电源线是否损坏，包括绝缘护套及芯线是否被拉断，如拉断，判定为不合格；尝试用合适的力把电源软线推入器具内部，如能推入内部，判定为不合格。

2）位移测量。测量电源线在器具出口处的纵向出口处的基准面位移，一般以软线标识线和器具电源线出口处基准面之间的距离为准。

将器具拆开，查看电源线在接线端子处的位移，此位移一般情况下，可以明显地看出被拉的痕迹，并测量所形成的位移，同时查看电源线在接线端子和软线固定装置之间是否被拉紧。

在器具出口处电源线的方向位移不应超过2mm；在接线端子处位移不应超过1mm；接线端子和电源软线夹紧装置之间的电源线不应有明显的张力；接线端子处爬电距离的电气间隙不应超过相应规定值。若以上各处位移都不超过规定值，判定为合格。

7.2.4 电源线拉力、扭力检验常见不合格案例与整改

电源线拉力、扭力检验不合格主要来源于电源线本身质量不合格和电源线加紧装置不合格两方面。

案例1：某电器进行电源线拉力、扭力检验后发现电源线绝缘层被拉裂。作为工厂质量检验人员该如何进行整改？

案例分析：如出现电源线拉裂，或磨损变薄后露出导电金属线，一般考虑更换电源软件，质量检验人员可建议采购人员进行更换。如确认电源线合格，则需考虑电源线夹紧装置是否磨损电源线。如压扣加紧式（利用外壳）可能对电源线产生磨损，可考虑夹紧更换为其他方式。

案例2：某电器进行电源线拉力、扭力检验后发现器具出口处电源线外移了3mm。作为工厂质量检验人员该如何进行整改？

案例分析：这类现象为夹紧装置失效，也就是通常说的"夹不紧"，常出现在夹紧装置采用模压护套式或迷宫式时。可建议产品设计人员更换夹紧装置的夹紧方式，如更换为螺钉

—绝缘压板式夹紧。

7.3　电源线耐久性检验

7.3.1　电源线耐久性检验的相关标准

电器长时间使用过后，电源线等部件会出现损坏的现象，进而对家用电器的安全产生影响。GB 4706.1 中对耐久性检验未做具体规定，部分家用电器（如家用电动缝纫机、洗衣机、吸尘器、吸油烟机、电风扇等）所用的标准规定了耐久性试验要求。本节选用最常见的电源线弯曲试验作为耐久性试验的代表进行讲解，其他电器的耐久性试验请参考国标。

电源线弯曲试验设备模拟家用电器电源线移动过程中出口处受到的频繁弯曲，考核电源线出口处是否会由于弯曲而发生导线折断、绝缘损坏等危险，评价电源线出口部分的保护和耐弯曲能力。GB 4706.1 中的 25.14 条对此试验做出了规定：工作时需要移动，并装有一根电源软线的器具，其结构应使电源软线在它进入器具处，有充分的防止过度弯曲的保护。

标准其他内容请读者自行查阅。

7.3.2　电源线耐久性检验的设备及操作规范

设备由电动机、减速箱、曲柄连杆机构、大摆轮、小摆轮、摆动架、机座、控制计数电路等组成。

工作时，电动机减速后带动曲柄轮转动，与曲柄轮连接的连杆推动大摆轮做左右往复摆动。大摆轮再通过齿轮啮合带动小摆轮摆动，固定在小摆轮上的安装托架跟着小摆轮做相同角度的摆动，从而实现电源线的弯曲试验。弯曲试验次数由计数器计数，当达到规定弯曲次数后自动停机。

GB 4706.1 规定了弯曲试验的基本要求，电源线弯曲试验装置原理图如图 7-7 所示，图 7-8 为电源线弯曲试验装置实物图。

1）摆动件以 90°在垂线的两侧各 45°摆动，电源线安装在摆动机构上。

2）摆动机构摆动频率为 60 次/min，速率可调。

3）设备提供电源，供对电源线加载用。

设备操作规范如下：

1）按试验要求安装被试样品。

2）启动电源。

3）设定摆动速率。

4）设定摆动次数。

5）按启动按钮启动试验。

6）按停止按钮停止试验，拆除被试样品，关闭电源。

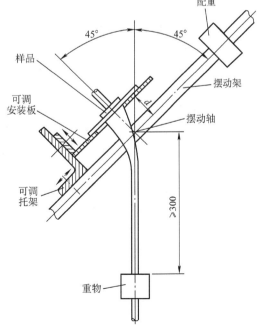

图 7-7　电源线弯曲试验装置原理图

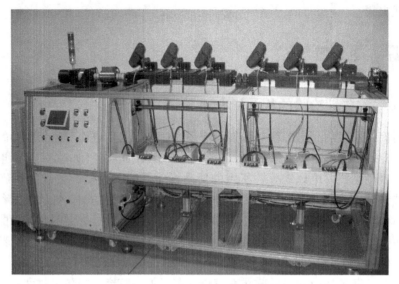

图 7-8 电源线弯曲检验装置实物图

7.3.3 电源线耐久性检验的规范流程及结果判定

1. 试样的安装

首先使弯曲检验装置的摆动件处于其行程中点的位置，然后将器具固定在弯曲检验装置上，并注意使软线在进入软线保护器或入口处的轴线呈垂直状态，并且通过摆动件轴线中心线，当器具太大不能全部固定在弯曲检验装置上时，则可将由软线入口、软线保护装置（如果有的话）以及电源线组成的器具部件安装到弯曲检验装置的摆动件上，并使其软线在进入软线保护器或入口处的轴线呈垂直状态，并通过摆动件轴心线。当电源线是采用扁平线时，应使扁平软线截面的长轴线与摆动轴线平行。

适当调节摆动机构的固定夹件装置与摆动轴心之间的距离 d，以便当检验装置的摆动机构满行程移动时，使软线和所加载的负载做最小的横向位移。

2. 施加负载重物

为了更有效地模拟实际使用中的弯曲效果，GB 4706.1 及对应产品的特殊安全标准中要求在离软线弯曲点至少 300mm 处悬挂上一定的负载重物进行弯曲试验。

对于一般的器具，通常根据器具所使用的电源软线的截面积大小来分别施加不同的负载。

1）对采用标称横截面积超过 $0.75mm^2$ 的软线施加的重物为 10N。

2）对采用其他截面积的软线施加的重物为 5N。

对于电熨斗及带有旋转导线且外面不带有软线护套的卷发器等，根据器具本身使用特点的不同，其对应产品的特殊安全要求标准（GB 4706.2 及 GB 4706.15）中要求施加的负载重物也有所不同。

1）对于电熨斗施加负载重物为 2kg。

2）对于带有旋转导线且外面不带有软线护套的卷发器，其使用的电源软线的标称横截面积为 $0.75mm^2$ 时所施加的负载重物为 20N。

3）对于带有旋转导线且外面不带有软线护套的卷发器，其使用的电源软线为其他类型的标称横截面积时施加的负载重物为10N。

3. 确定弯曲角度

弯曲的角度是指摆动件在垂线两侧进行摆动时的夹角。

对于大多数家用电器，摆动件的弯曲角度通常为90°（在垂线的两侧各45°）。但也有一些特殊的器具，考虑到在使用时将承受更大角度的弯曲，因此在其产品的特殊安全要求标准里将弯曲的角度提高。如手持式电吹风，IEC 60335-2-23中将其弯曲的角度就增加到180°（在垂线的两侧各90°）。

4. 弯曲次数及弯曲的速率

弯曲次数是指被试样品按规定的弯曲角度进行摆动运动的次数，即被试样品从摆动件轴心线开始计算一次向前摆动返回轴心线位置，或一次向后摆动返回轴心线位置均计为一次弯曲。

器具采用不同的电源线连接方式，其弯曲的次数是不一样的：若器具电源线采用Z连接（即如不破坏或损坏器具就不能更换其软缆或软线的器具），弯曲次数规定为20000次；而对于采用X连接的器具（即使用者很容易也很方便就能更换器具的电源线）以及采用Y连接的器具（即打算由制造厂、它的服务机构或类似的具有资格的人员才能更换器具的电源线），弯曲次数为10000次。但是，对于一些在特殊环境条件下使用的器具，产品的特殊安全要求标准中要求根据它们的使用特点而相应规定了不同的弯曲次数。

弯曲的速率多为60次/min。

5. 对软线通电工作

考虑到实际使用的情况，试验时规定在额定电压下，以被试器具的额定电流对导线进行加载通电，但接地导线不用通电。为试验方便，可采用一些模拟负载，关键是保证电压和电流符合要求。

6. 试验结果判定

在试验期间或试验之后，满足下述所有条件者即判为合格。

1）导线之间不出现短路现象。

2）任何导线的绞线丝断裂不超过10%。

3）导线没有从它的接线端子上离开。

4）导线的保护装置没有松脱。

5）软线或软线保护装置没有出现在标准规定意义内的损坏。

6）断裂的导线丝没有穿透其绝缘层使其成为易触及的线丝。

注：以上各条除第1条外，通过视检判定其是否合格。注意判定"任何导线的绞线丝断裂不超过10%"时要排除由于检验人员剥开电源线绝缘层操作不当引起的绞线丝断裂。第1条导线间短路可通过以下两种情况判定：测量各条导线间电阻是否为零（或接近零，导线间本应绝缘）；电源线接回器具（如拆开）后，电源线电流超过额定电流两倍，则认为导线间出现了短路。

7.3.4 电源线耐久性检验常见不合格案例与整改

电源线耐久性检验不合格在国家实验室的型式检验中非常少见。该检验一般在电源线生产厂进行，整机厂在原材料来料检验中也会用到。

机械强度检验不合格后，整改一般都采取更换方式。整机厂检验人员一般不需对电源线本身进行整改，只需建议采购部门更换供货商，故不再赘述。

7.4 稳定性检验

7.4.1 稳定性检验的相关标准

家用电器产品的实际使用环境比较复杂，有在地面上或在桌面上使用的便携式或固定式（驻立式），如电风扇、洗衣机、电饭锅等器具。如果电器产品的结构设计不合理，稳定性较差，当把它们放置在不那么平整的地面或桌面上使用时，就极易出现器具翻倒根本无法使用或者翻倒后能继续工作使木地板的温升升高而造成火灾危险。为避免这一危险情况的出现，对家用电器产品进行稳定性考核，以确保产品在实际使用中的安全可靠。

稳定性检验的相关标准在 GB 4706.1 的 20.1 条，主要内容有：除固定式和手持式器具外，打算用在例如地面或桌面等一个表面的器具，应具有足够的稳定性。标准还对检验方法进行了说明，请读者自行查阅。

7.4.2 稳定性检验的设备及操作规范

1. 检验设备原理

根据 GB 4706.1 的要求，为了对器具进行稳定性试验，检验设备必须满足下述要求：

1）提供一个倾斜角度可调节的试验平面，以便放置待试验的样品，该试验平面可调节到与水平面成 10°、15°的倾斜角，该倾斜角能准确保证。

2）试验平面面积足够大，足够放置被试样品，同时具有足够的刚性以支撑被试样品。

3）样品可随意放置在试验平面上，能够方便地寻找在倾斜面上电器翻倒的最不利位置。

4）试验平面表面要平整，但不光滑，以防止被试样品放上试验平面后出现滑动而放不稳。

在试验实践中，为提高试验工作的效率和准确性，一般专门设计一种电动试验台来进行稳定性试验，电动试验台要实现：

1）试验平面倾斜角可调，能方便快捷地按需要调到 10°或 15°。

2）试验台能 360°旋转，相当于将被试电器在 360°范围内转换位置准确地找到摆放的最不利位置。

3）如果试验台旋转，不应产生加速度和振动，因为加速度将在旋转的电器上产生离心力，从而影响检验结构。

2. 典型设备

常用的电动液压稳定性试验台的结构原理如图 7-9 所示。

试验平面固定在回转工作台的转盘上，回转工作台的转盘由电动机通过蜗轮减速箱驱动而缓慢旋转，旋转速度为 1r/min。

回转工作台固定在活动平面上，通过升起液压千斤顶使活动平面倾斜，从而使试验平面也跟着倾斜。调节液压千斤顶的高度，即可得到试验所要求的倾斜角度。

这种稳定性试验台具有以下优点：

1）运转平稳、无振动、无加速度，具有足够的机械强度，大小体积的样品均可试验。

2）倾斜面角度任意可调，只要升高或降低液压千斤顶的高度，就可以得到任意所需的倾斜角度；与光学角度测量仪配合使用，可以得到非常准确的倾斜角度。

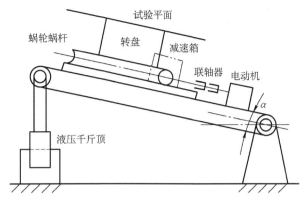

图7-9　电动液压稳定性试验台

3）角度调节操作方便、轻巧，液压千斤顶的操作轻便。

3. 设备操作规范

1）调节液压千斤顶使试验平台的倾角达到试验所需角度。

2）放置被试样品。

3）启动电源，使平台缓慢旋转。

4）试验结束后，移除被试样品、断开电源并使液压千斤顶归位。

4. 关于试验设备的其他说明

在无电动液压稳定性试验台且产品单一的工厂，由于不需要调节倾角，检验人员可使用一边垫高的木板作为稳定性试验的简易试验装置。注意木板表面不能光滑，检验人员需手动寻找最不利位置。

7.4.3　试验方法与合格判定

1. 试验前器具的准备

器具不通电，如器具带有插口、插座，应装上合适的连接器和软缆、软线。当器具带有需充液的容器时（如洗衣机、电饭锅等），应将此容器在充液或不充液两者中取最不利的情况来进行试验。当器具带有门时（如微波炉、电烤箱等），也应将此门设置在关闭或打开的状态，两者中取最不利的情况进行试验。

2. 试验条件和步骤

首先用万用量角器调整好设备的倾斜角度，使设备的倾斜面与水平面的夹角为10°。然后将准备好的器具连同电源软线一起，以在实际使用时有可能出现的所处的最不利的放置状态摆放在试验台的倾斜面上。如对台式电风扇，就要考虑机头处在倾斜角的情况下进行试验。当试验设备是电动式设备时，则接通设备电源开关使倾斜面转动一周；当试验设备的倾斜面是用手动方法来转动时，应均匀缓慢地转动倾斜面；当试验设备的倾斜面是一个固定的不能转动的斜面时，则将被试器具以不同的方位进行摆放，以测定最不利的摆放位置，如图7-10所示。

但是，如果器具放在一个水平面上并以10°倾斜时，这时通常不与支撑平面接触的部分与此水平面相接触了，则应把器具改放在一个水平支承面上，并以最不利的方向将其倾斜

10°，此时可能以器具边沿作为支撑点，如图7-11所示。这种情况常见于带有支撑脚，支撑脚靠里且较矮的器具。

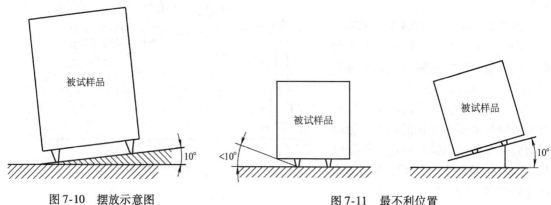

图 7-10　摆放示意图　　　　　　图 7-11　最不利位置

通常对装有滚轮，自位脚轮或支脚的器具，可能需要在水平支承上进行稳定性试验，且在试验时需锁住滚轮，防止被试样品滑动。

对于带有电热元件的器具，重复上述稳定性试验但是要将器具放置在与水平面呈15°角的倾斜面进行试验。

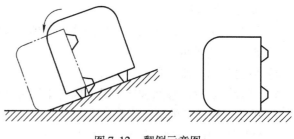

图 7-12　翻倒示意图

3. 结果判定

稳定性检验通过试验可得出初步检验结论，必要时需通过其他试验来判定检验结论。

不带有电热元件的器具10°试验不翻倒为合格。

带有电热元件的器具，15°试验时不翻倒为合格；10°试验时翻倒为不合格；10°时不翻倒而15°试验时翻倒，在满足下述要求时判定为合格：

在每一个翻倒面（如有多个面15°试验时翻倒），以翻倒状态做GB 4706.1第11章的温升试验，且温升不超过GB 4706.1的表9（非正常温升的最大值）所规定的值。此部分内容可参考本书第4章的内容。翻倒示意图如图7-12所示。

7.4.4　稳定性检验常见不合格案例与整改

由于成本原因，编者所见大部分工厂未配置电动式稳定性检验装置，而以垫高的平台代替，故案例给出工厂质检人员常犯错误。同时，稳定性试验不合格常由于产品配重不合理导致，在此也给出一般性整改方案。

案例1：某厂无任何稳定性检验装置，质检人员采用把器具推到某个角度的方式进行试验。这种处理方法可行吗？

案例分析：这种方法在工厂是可行的（在国家检验机构实验室禁止采用这种方法）。但要注意质检人员要各个方向都推几次（找出最不利位置）且推的角度适当大于10°。同样，作为用户在商场采购电器时，怀疑不够稳定时，也可采用类似方式去试验。

案例2：某落地式电风扇厂，质检人员把电风扇的电源软线都置于风扇网罩处，并置于电动液压稳定性试验装置上进行试验。电风扇在试验过程中没翻倒，质检人员判定为合格。

案例分析：质检人员放置电源软线的方式符合最不利原则。但对可旋转的电风扇而言，稳定性试验还要找出其转头过程中的最不利位置。通常可分为让风扇转头正对前方、转到最边沿、转到中间某一位置等三种情况分别进行试验。请读者一定留意最不利原则。

案例3：如案例2中，转头转到最边沿时倾倒，该如何整改？

案例分析：稳定性试验的整改相对比较统一，通常采用增加底部配重的方式进行。如落地式电风扇底座配重更换为更重的生铁铸件，使其满足稳定性试验要求。

案例4：某电暖器进行10°试验时不会翻倒，进行15°试验时翻倒，且翻倒后温升超过标准规定值，该如何进行整改？

案例分析：用户对电暖器重量的敏感程度不一样，如油压式电暖器本身较重的器具，可采用如增加底部配重的方式进行。但对整体重量较轻的电暖器（如吹风式电暖器），不宜增加配重，此时可在电热元件线路上接入倾倒开关，保证电暖器倾倒后电热元件停止工作即可。

习　题

一、思考题

1. 怎么检测电冰箱的电源线是否合格？电风扇呢？

2. 本书介绍的电器安全检测试验中，电器安全试验在哪些试验后作为该试验是否合格的手段出现？请列举。

3. 如要进行电冰箱的稳定性试验，你会怎么处理电冰箱的门、电源线和其他附加设备，你会在电冰箱里面放入食物吗？怎么放？为什么？

4. 列举十种常见家用电器，并分别指出是否需要做电源线弯曲试验。

5. 弹簧冲击试验怎么选择冲击点？什么情况下不合格？

6. 电热器具和电动器具的稳定性试验有什么不同？

7. 家用电器的电源线为什么不是一根粗铜线？

8. 电源线的拉力、扭力试验怎么判断是否合格？

二、实操题

1. 根据 GB 4706.1 第 21 章的要求，对某一个电器的机械强度进行检验，判断其合格性。

2. 根据 GB 4706.1 第 20 章的要求，对某一个电器的稳定性和机械危险进行检验，判断其合格性。

3. 根据 GB 4706.1 第 25 章的要求，对某一个电器的电源连接和外部软线进行检验，判断其合格性。

Chapter 8

第8章 工厂审查

 知识点

- 工厂质量保障能力的要求
- 质量体系的有效运行模式

 难点

- 程序文件的制订
- 文件的完备性

学习目标

掌握:

- 工厂质量保障能力要求
- 质量体系的运行模式
- 工厂质量保障涉及的各种检验和试验
- 生产原始记录单的制订和填写
- 作业文件的制订

了解:

- 满足文件所要求的文件化质量体系
- 质量手册的结构和内容
- 程序文件的结构和内容
- 作业指导书的结构和内容

　　工厂审查是强制认证两个重要环节之一,该环节出现在认证产品已经取得型式试验合格证书时。目的是保证批量生产的认证产品与已获型式试验合格样品的一致性。由认证机构针对工厂的"职责和资源,文件和记录,采购和进货检验,生产过程控制和过程检验,例行检验和确认检验,检验试验仪器设备,不合格品的控制,内部质量审核,认证产品的一致性,包装、搬运和储存"等内容制订相应产品的工厂质量保障能力检查实施细则,报国家认监委备案后公布实施。本章将先介绍对工厂质量保障能力的审核要求,然后列举文件审查和现场审查两方面的若干案例,最后给出若干工厂对审核不符合项的关闭措施。通过本章的

学习，读者能熟悉工厂质量保障体系，并在较短的时间内积累在审查流程中的经验。

8.1 工厂质量保障能力

在了解产品认证申请企业在工厂质量保证能力体系建设中应做的工作之前，首先应明确产品认证对工厂质量保证能力评定的目的和要求。

对工厂质量保证能力评定的目的是评价申请企业建立的质量体系与《强制性产品认证工厂质量保证能力要求》的符合性和有效性，也就是评价申请企业能否持续和稳定生产符合认证要求的产品，评价申请企业生产的产品与型式试验样品的一致性。

产品认证工厂质量保证能力是指申请企业确保认证产品连续满足认证标准要求的综合能力。

中国质量认证中心发布了文件《强制性产品认证工厂质量保证能力要求》（CQC/CP 018—2002），是 CQC 产品认证工厂质量保证能力的要求，包括对认证产品的检验要求及制造厂质量体系的要求，以保证其生产的认证产品符合国家认证标准并与型式试验样品在规定程度内的一致性，是产品获得产品安全认证证书和允许使用认证标志应具备的条件，是可接受的最低标准。

生产者应建立满足文件所要求的文件化质量体系，并使之有效地运行，且具备批量生产符合认证标准要求的产品的能力。

对认证产品生产者的审核每年至少一次（根据认证产品类别和生产的稳定状态而定），以保证使必要的日常工作和程序保持在可接受的水平上。对生产者进行监督复查期间，要抽取认证产品样品和/或零部件进行检验，以验证其与认证标准的符合性，其应与型式试验样品一致。当发现可能危及产品与认证标准的符合性的情况时，可增加监督频次。

8.1.1 职责和资源

1. 职责

工厂应规定与质量活动有关的各类人员职责及相互关系（质量手册已做规定），且工厂应在组织内指定一名质量负责人，无论该成员在其他方面的职责如何（可兼职），由总经理规定赋予质量负责人以下方面的职责和权限：

1）负责建立满足本文件要求的质量体系，并确保其实施和保持。

建立 3C 质量保证体系，该体系建有质量手册、程序文件、其他相关文件和记录；配备适当的资源并安排按文件规定实施，还要督促各有关人员一直实施下去。在工厂内形成从上到下都参与的氛围。

2）确保加贴强制性产品认证标志的产品符合认证标准的要求。

认证标准是：加贴 3C 标志的产品必须符合国家标准或行业标准要求，组织过程按型式试验合格的样品一致性要求组织生产，合格后加贴批准使用的 3C 标志，至少满足规定的确认检验要求。

这是产品一致性控制的要求内容，《认证产品一致性控制及变更程序》有所规定，主要从以下五方面内容进行控制：

① 产品的型号规格、铭牌要一致。

② 关键元器件、材料的型号规格要一致。

③ 关键元器件、材料的供应商要一致。

④ 产品主要结构（如内部布线等）要一致。

⑤ 影响产品结构变化的主要工艺要一致。

上述任何一点需要变更，都要报认证机构申请，批准后才能变更，批准后才能继续使用3C标志。

3）建立"认证标志使用程序"，确保认证标志的妥善保管和使用。

认证标志的样式、大小、计划用在何处，都由技术质量组负责向标志管理中心申请，申请时需提交的资料有：申请书、证书复印件、营业执照和设计方案（非直接购买不干胶标贴）。在使用时车间需登记使用情况。

4）建立"认证标志使用程序"，确保不合格品和获证产品变更后未经认证机构确认，不加贴强制性产品认证标志。如有变更，应由技术质量组向认证机构申请变更，必要时要做样品检测确认。

审核员会评价质量负责人是否具有充分的能力胜任本职工作，要求质量负责人对工厂的运作比较熟悉，有足够时间处理工厂事务，可以兼职其他部门的工作。

（1）理解要点

1）工厂（Factory）、制造商自己拥有的或受制造商雇佣委托其进行生产、组装活动的物质基础，包括人员、场地、设施和设备。

2）影响认证产品质量的人员，至少包括：质量负责人、与质量活动相关的各级管理人员、设计人员（如果有）、采购人员、对供应商进行评价的人员、按制造工艺流程进行操作的人员、检验/试验人员、设备维修保养人员、计量人员（如果有）、内部审核人员（无论其他职责如何）以及从事包装、搬运和储存的人员。各类人员都应有相应的职责，且各职责的接口应清晰、明确。

3）指定的质量负责人原则上应是最高管理层的人员，至少是能直接同最高管理层沟通的人员。工厂可指派一名质量负责人的代理人，当质量负责人不在时履行相应职责。

4）质量负责人（无论在其他方面的职责如何）应被赋予覆盖附录C的1.1条的职责和权限。质量负责人应具有相应的质量管理工作经验或经历，并得到相应的授权，有能力协调、处理与认证产品质量相关的事宜，熟悉相关认证实施规则和认证机构对强制性产品认证标志的管理要求。

（2）审查要点

1）与质量活动有关的各类人员的职责和相互关系是否已规定，规定的充分性、适宜性、协调性如何？

2）工厂是否指定了质量负责人，其是否被赋予了附录C的1.1条规定的职责和权限？

3）通过对相关过程和活动的审核，确定质量负责人是否具有充分的能力胜任本职工作。

4）通过对相关过程和活动的审核，评定各类人员职责的履行情况。

2. 资源

工厂应配备必需的生产设备和检验设备以满足稳定生产符合强制性产品认证标准的产品要求（最低限度需满足实施细则项目）；应配备相应的人力资源，确保从事对产品质量有影响工作的人员具备必要的能力（经培训上岗，有熟练的检测操作能力，生产工人、检测人员和管理人员的配置不会发生冲突）；建立并保持适宜产品生产、检验、试验和储存等必备的环境，要有生产现场、满足检验试验的环境要求，生产、储存过程不发生损坏产品的现象。

（1）理解要点

1）工厂资源的总要求包括生产设备、检验设备、人力资源和工作环境。

2）人力资源的配备应满足质量活动对人员能力的要求。

3）工厂应有足够的生产及检验设备，其技术性能、精度和运行状态等均能对认证产品满足强制性产品认证标准提供保障。

4）工作环境是指保证认证产品符合要求所需的环境，涉及生产、检验、试验和存储等环节，如温度、湿度、噪声、振动、磁场、照度、洁净度、无菌和防尘等方面。工厂应识别环境要求，并提供和管理资源以满足要求。

5）无论是由于外部原因（如认证制度、认证标准等），还是内部原因（人员变动、设备更换和环境发生变化等），资源发生变化时，工厂应采取相应的措施，保证认证产品的质量满足强制性产品认证标准的要求。

（2）审查要点

1）工厂是否确定了对认证产品质量有影响的各岗位人员的能力要求，通过何种措施使人员满足岗位能力要求，目前各岗位人员的能力是否符合要求。

2）通过对相关过程和活动的审核，判定企业提供的资源是否充分和适宜，对资源是否实施了有效的管理和控制。

3）当资源发生变化时，工厂是否有畅通的渠道以及时了解相应的信息，是否能及时采取措施保证其资源满足认证产品稳定生产的要求。

8.1.2 文件和记录

1. 工厂审查需用资料

在审核员进行工厂审查时，工厂需要准备好各种资料以备审查，文件清单见表8-1，主要包含管理文件、各种记录、外来文件和其他资料四部分。

表8-1 工厂审查需要准备的文件清单

序号	文 件 名 称	序号	文 件 名 称
1	※强制性产品认证实施细则	11	计量检定证书
2	※工厂认证产品清单	12	物料销、存卡
3	国家标准	13	受控章
4	整改项目	14	※质量手册
5	检测报告（型式、确认检验）	15	※程序文件
6	上次审厂不符合项	16	※质量计划
7	一致性（照片、说明书、铭牌、结构样品、零部件和整改等）	17	※设备管理制度
8	标志使用申请表	18	※运行检查规定
9	元部件认证证书	19	※检测仪器操作规程
10	检测仪器	20	※计量器具、检测仪器设备台账

（续）

序号	文　件　名　称	序号	文　件　名　称
21	※计量器具、检测仪器检定计划	42	※内部审核计划
22	※功能测试表	43	※内部审核检查表
23	※零部件检验标准	44	※内审不合格报告
24	※外购产品检验单	45	※内部审核报告
25	半成品检验标准	46	※不合格项分布表
26	过程监控表	47	※认证产品一致性检查表
27	※成品检验标准（例行、确认）	48	内审不符合项整改证明
28	※成品检验单（例行检验）	49	有效文件领用/收回登记表
29	※出厂检验单（确认检验）	50	有效文件清单一览表
30	※工艺指导书	51	外来文件一览表
31	返工通知单	52	记录样式汇总表
32	不合格品报告单	53	年度培训计划
33	※生产设备台账	54	员工培训一览表
34	※生产设备维护保养单	55	培训记录表
35	※生产设备维护保养计划	56	紧急放行申请单
36	供方调查评价记录表	57	纠正和预防措施处理单
37	供方业绩评定记录表	58	顾客投诉单
38	供方合格证明、检验记录（报告）	59	仓库台账
39	※购销合同	60	※资料袋
40	※采购计划	61	收费
41	※合格供方名录	62	营业执照

注：表中标有"※"号的文件为受控文件。此处的受控文件是相对于外表文件和记录文件的一种提法。

2. 文件

工厂已编制了认证产品的质量计划，以及为确保产品质量的相关过程有效运作和控制需要的工艺指导书、检验标准等文件。质量计划包括产品设计目标、实现过程、检测及有关资源的规定，以及产品获得认证后对获证产品的变更（标准、工艺、关键件等）、标志的使用管理等的规定。

产品设计标准或规范应是质量计划的一部分内容，其要求不低于有关该产品的国家标准的要求。

（1）理解要点

1）关键件（Critical component）指直接影响整机（车）产品认证相关质量的元器件、材料等。通常，这些关键件可以作为独立的元器件供货，并可按相关的独立元器件标准进行检测和认证。

2）工厂应针对认证产品建立并保持相关文件，文件的内容应覆盖《强制性产品认证工厂质量保证能力要求》2.1条中的规定。当产品和过程都比较简单时，可用质量计划把所有内容包括进去。若无法实现，可将上述规定写入不同的文件中。如质量计划只规定由谁及何时使用哪些程序和相关资源；认证产品变更的管理、认证标志使用的管理在程序文件中规定；产品的设计目标在相应的标准或规范中规定；产品实现过程、监视和测量过程、资源配置和使用等在作业指导书、操作规程等文件中规定。

3）本节所规定的产品设计目标应至少包括满足强制性产品认证标准的要求。

4）实现过程是指认证产品的生产过程。

（2）审查要点

1）按上述要求查阅针对认证产品制定的质量计划及相关的过程管理文件或程序文件，并在现场审查时，注意核实质量计划的可行性和有效性。

2）查阅标准、规范一览表（或类似文件），确认生产厂使用的标准及规范不低于强制性产品认证标准的要求。

3. 对文件的有效控制

1）工厂已建立并保持"文件和资料控制程序"，以对3C要求的文件和资料进行有效的控制。这些控制确保：

① 文件发布前和更改应由授权人（总经理）批准，以确保其适宜性；手册程序文件由质量负责人编写，总经理批准。所有受控文件有"受控文件清单一览表"和"外来文件清单"。

② 文件的更改和修订状态从"A版/0次修改"标志而得到识别，能防止作废文件的非预期使用，作废文件根据发放登记收回或盖"作废"章。

③ 文件发放前与质量负责人确认发放范围，发放时有发放登记，能确保在使用处可获得相应文件的有效版本。

2）理解要点：基本和体系认证的理解相同。

① 凡用于控制认证产品质量的文件和资料都应受控。

② 文件和资料的受控主要体现在：文件和资料必须经授权人批准才可正式使用；在从事与认证产品质量相关的活动中应使用经批准的文件和资料。

3）审查要点。

① 是否制订了文件和资料的控制程序。

② 查阅程序文件，其内容是否覆盖了《强制性产品认证工厂质量保证能力要求》中2.2a～c中的规定。

③ 在现场审查时，注意核实其规定的要求是否得到落实。

4. 相关记录

工厂进行质量保障，其要求归纳起来就是：有文件、有记录。管理性文件对整个生产过程做出规定；记录就反映实际生产过程的情况。只有实际生产过程符合国家标准和工厂的规范化文件要求，才能保证生产和销售的产品符合要求。所以，记录是工厂审查的一个重点，也是发现问题最多的地方。

工厂已建立并保持"质量记录控制程序"，包括质量记录的标志、储存、保管和处理等规定。质量记录应清晰、完整，以作为产品符合规定要求的证据。所有质量记录标志有"记录样式汇总表"，记录的一般保存期限为3年，在汇总表上都有规定。

一般工厂生产过程必要的记录分为4类：管理类记录表格文件、设备类记录表格文件、生产实施类记录表格文件和原材料类记录表格文件。表8-2列出了各类记录表格文件包含的

表 8-2 各类记录文件

类别	记录文件名	简　要　说　明
管理类记录表格文件	受控文件一览表	应包含文件名称、编号和版本号等
	文件更改留用申请单	
	文件发放与回收记录表	
	外来文件一览表	一般含有安全规定、认证规定和计量证书等外来文件
	记录样式汇总表	所有记录文件汇总
	年度培训计划	
	员工培训记录	
	内审计划	
	内审检查表	
	内审不合格报告	
	内审报告	
	不合格分布表	指内审不合格,非产品不合格
	纠正和预防措施处理单	
	标志使用审批登记表	一般与成品生产相对应,注意证书暂停后要停止使用
设备类记录表格文件	机器设备保养维护管理登记表	
	机器设备保养记录表	一般含设备名称、保养项目和保养日期记录
生产实施类记录表格文件	计量器具检测仪器设备管理登记表	含设备名称、型号、编号、购入时间、检定周期和检定时间等。注意需和计量证书对应
	运行检查记录表	生产日生产前后记录所有例行检查设备
	紧急放行申请单	未做来料检定的原材料放行登记表
	不合格品报告单	含产品、工序、情况描述、评审和处置记录
	不合格品处置单	含产品、规格、数量和处置方式(返修、返工、降级和报废)等
	认证产品关键元器件材料清单	与型式试验报告中的关键元器件材料清单相同
	进料检验表	每个原材料、每个项目的抽检记录
	成品检验单	成品例行检查记录,应有不合格数和不合格描述
	首件确认单	生产的首件做一致性检查
原材料记录表格文件	申购单	
	原物料购销合同	
	供方调查评价记录表	
	合格供方名单	原材料供应商的名称、地址、电话、联系人以及提供的产品
	供方业绩评定记录表	每批原材料对价格、交货日期和质量等做出评价,综合起来决定是增加、减少还是停止采购

各记录文件名称。

（1）理解要点

1）质量记录的管理要制度化、规范化，对产品的追溯性起重要作用的质量记录必须保留。也就是说，保留下来的质量记录要能起到证实认证产品是否符合规定要求的作用。

2）质量记录的控制要求：

① 对记录的标识，可采用颜色、编号等方式。

② 对记录的储存，应安排适宜的环境，防止记录的损坏或丢失。

③ 对记录的保管，应包括对记录的防护和管理，使记录易于查阅。

④ 对记录的处理，应包括记录最终如何销毁的要求。

3）记录的填写要求是：字迹清晰，不随意涂改，按规定更改，内容完整。

4）所有质量记录都应规定保存期限。保存期限的规定应考虑认证产品特点、法律法规要求、认证要求和追溯期限等因素。

（2）审查要点

1）查阅管理质量记录的程序文件（或类似文件），程序文件中对质量记录的标识、储存、保管和处理是否进行了规定，规定是否充分和适宜。

2）在现场审查中，可随机抽取保存的质量记录（一般以近期的质量记录为宜）和现场使用的质量记录，确认规定和实施的符合性。

3）是否所有质量记录都规定了保存期限，规定是否适宜。

4）质量记录的填写是否清晰、完整。

8.1.3 采购和进货检验

1. 供应商的控制

工厂制订"采购控制程序"，规定对关键元器件和材料的供应商的选择、评定和日常管理等要求，确保供应商具有保证生产的关键元器件和材料满足要求的能力。一般采购物资可分 A、B 两大类，对 A 类物资的供应商先有生产能力的调查，将调查情况填写在"供方调查评价记录表"内，评价确定为合格供应商后，列入年度合格供方名录，然后向合格供方采购，对每批采购物资都进行进货检验。每年对供应商的供货情况进行复评，优胜劣汰，列出下一年度的合格供方名录；需经常与供应商沟通，及时掌握重要供应商的变动情况。

工厂应保存对供应商的选择评价和日常管理记录。

（1）理解要点

1）供应商（Suppliers），对生产认证产品的工厂提供元器件、材料或服务的企业或个人。

2）关键元器件和材料是指对产品的安全、环保、EMC、主要性能有较大影响的元器件和材料，如认证实施规则中的"关键零部件清单"（有时可能不仅限于这些）。

3）工厂应制订相应的程序对供应商进行控制，对选择、评定和日常管理必须明确规定其控制方法。

4）供应商的选择包括确定供应商范围、制定选择条件、明确选择方法和程序等。如所采购的产品涉及强制性产品认证时，在选择准则中应有这方面的要求。

5）供应商的评定包括制订评定依据或准则，明确合格评定要求或指标，对评定人员的要求，对评定结果审批的权限和职责，以及执行评定的方法和程序等。对各类采购产品可采用不同的评定准则。

6）供应商的日常管理包括规定管理方式，确定控制程度（一般还是从严），明确出现问题时的处理方法等。

7）工厂应保存的对供应商选择评价的记录包括合格供应商名录、供应商质保能力调查表等。工厂应保存的日常管理记录包括供货业绩，当供应商产品出现问题时，工厂要求其采取纠正措施及验证其实施的资料等。

以上记录应按《强制性产品认证工厂质量保证能力要求》中2.3条的要求进行控制。

（2）审查要点

1）是否制定了对供应商的选择、评价和日常管理的程序，选择、评价的准则和日常管理的方法是否明确、适宜。

2）是否按程序的要求对供应商进行了选择、评定及日常管理。

3）是否保存了相应的记录。

2. 关键元器件和材料的检验/验证

工厂建立并保持对供应商提供的"关键元器件的检验及定期确认检验的程序"，确保关键元器件和材料满足认证所规定的要求。对关键元器件及材料进货时，要求供应商提供该批合格证明，并按程序规定定期提供确认检验报告。

关键元器件和材料的检验可由工厂进行，也可以由供应商完成。当由供应商检验时，工厂应对供应商提出明确的检验要求。对A类物资，技术质量组根据"进货检验标准"对物资进行检验并做记录，检验合格后才予以办理进仓手续。

工厂保存"外购产品检验单"、元器件确认检验记录和供应商提供的合格测试报告及有关检验数据等。

（1）理解要点

1）工厂制订的检验/验证程序中，应明确规定对属于关键元器件的外购件、外协件进行检验/验证；应制订关键元器件和材料的检验/验证及定期确认检验的程序。工厂应对供应商提供的产品按程序的要求进行检验或验证。

2）定期确认检验是工厂为确保供应商提供的产品持续符合要求而采取的确认活动。工厂应明确其实施的时机、频次及项目等。

3）工厂应根据所采购产品的重要性、自身的检测能力、检验成本及供应商质量保证能力等因素来确定检验的方式和内容。当检验是由供应商进行时，工厂应对供应商提出明确的检验要求，如检验的频次、项目和方法等。

4）应保存关键元器件检验或验证的记录、确认检验记录和供应商提供的合格证明及有关检验数据等。

5）记录的控制应符合《强制性产品认证工厂质量保证能力要求》中2.3条的要求。

（2）审查要点

1）是否制定了关键元器件和材料的检验/验证及定期确认检验的程序，程序规定是否适宜。

2）按程序文件（或类似文件）规定的要求，查阅相关记录，确认其符合性和有效性。

3）当由供应商进行检验时，工厂是否对检验提出了明确的要求。

4）通过查阅工厂对关键元器件合格率或类似内容的统计信息确认工厂对关键元器件的检验/验证控制程序是否可行或有效。

5）相关记录是否保存，是否符合要求。

8.1.4　生产过程控制和过程检验

1）工厂应对关键生产工序进行识别，关键工序操作人员应具备相应的能力。如果该工序没有文件规定就不能保证产品质量时，则应制订相应的工艺作业指导书，使生产过程受控。

2）产品生产过程中如对环境条件有要求，如电子元器件厂等，则工厂应保证工作环境满足规定的要求。

3）可行时，工厂应对适宜的关键工序的过程参数和产品特性进行监控，并保存监控记录。

4）工厂应建立并保持对生产设备进行维护保养的制度，对生产设备的清洁润滑等一级保养，由操作工进行并保存"机械设备保养记录表"；对路线检验、内部件润滑等二级保养，应由专人负责，一般有年度设备维护保养计划，按计划实施的二级保养记录在"年度设备保养记录表"上，出现的更换记录在"设备模具维修单"上。

5）工厂应在生产的适当阶段对产品进行一致性检验，如在领料时核对材料型号规格、厂家等是否一致，在合盖工序检查内部布线及结构是否一致，贴铭牌时检验产品铭牌内容的一致性，以确保产品及零部件与认证样品一致。

6）生产过程控制和过程检验工厂审查要点：

① 如果生产工序没有文件规定就不能保证质量时，是否制订了工艺作业指导书，工作环境是否满足规定要求（对环境条件有要求时）。

② 是否对适宜的过程参数和产品特性进行监控（可行时）。

③ 是否建立并保持了对生产设备进行维护保养的制度。

④ 是否在生产的适当阶段对产品进行检验，确保产品及零部件与认证样品的一致性。

8.1.5　例行检验和确认检验

工厂制订并保持"例行检验和确认检验程序"，以验证产品满足3C规定的要求。"成品检验标准"和"成品出厂抽检标准"中包括检验项目、内容和方法、判定等。保存"成品例行检验单"和"成品出厂抽检单"，具体的例行检验和确认检验要求满足相应产品的认证实施规则的要求。

例行检验也叫常规检验，是由制造厂在每个器具上进行100%的检验。通常在装配后的完整器具上进行，但制造厂也可以在生产期间的适当的阶段进行这些检验，倘若后面的生产过程不会影响该结果。例行检验的检验记录为"成品例行检验单"。

确认检验是为验证产品是否持续符合标准要求而进行的抽样检验。出厂抽检的检验记录为"成品出厂抽检单"。

（1）理解要点

1）例行检验（Routine test），是在生产的最终阶段对产品的关键项目进行的100%检验。例行检验后除进行包装和加贴标志外，一般不再进一步加工。在有些认证机构的文件中称为生产线试验（Production line test），是产品认证工厂审查时普遍要求的项目，也是与其他认证制度的工厂审查不同的项目。其目的是剔除产品在加工过程中可能对产品产生的偶然性损伤，以确保成品的质量满足规定的要求。

2）确认检验（Verification test），作为质量保证措施的一部分，为验证产品是否持续符合标准要求而由工厂计划和实施的一种定期抽样检验。其目的是考核认证产品质量的稳定性，从而验证工厂质量保证能力的有效性。

3）认证实施规则中对例行检验、确认检验的要求有明确规定。工厂应按认证实施规则的要求制定文件化的例行检验和确认检验程序并执行。

4）工厂制订的例行检验的项目应不少于认证实施规则的要求，确认检验的频次应不低于认证实施规则的要求。确认检验可由工厂进行，也可由工厂委托具备能力的组织来完成。

5）例行检验和确认检验的记录应予以保存，其控制应符合《强制性产品认证工厂质量保证能力要求》中2.3条的要求。

（2）审查要点

1）是否制订文件化的例行检验和确认检验程序，其规定是否适宜。

2）是否按程序要求进行例行检验和确认检验。

3）是否保存相关记录。

（3）示例　以洗衣机和电风扇为例，其确认检验项目和例行检验项目见表8-3。

表8-3　洗衣机和电风扇的确认、例行检验项目

产品名称	认证依据标准	试验项目	确认检验	例行检验	所用检验仪器
电风扇（单相交流和直流家用和类似用途的电风扇，如吊扇、台扇、落地扇、换气扇、隔墙扇、壁扇、转叶扇）	GB 4706.1—2005 GB 4706.27—2008 GB 4343—2009 GB 4706.8—2008	接地电阻	一次/半年	√	接地电阻测试仪
		电气强度	一次/半年	√	耐压测试仪
		泄漏电流	一次/半年	√	泄漏电流测试仪
		输入功率	一次/半年	√	功率测试仪
		标志	一次/半年		
		发热	一次/半年		
		非正常工作	一次/半年		
		机械危险	一次/半年		
		电磁兼容	定期		
					游标卡尺、千分尺、调压器
家用电动洗衣机（带或不带水加热装置、脱水装置或干衣装置的洗涤衣物的电动洗衣机）	GB 4706.1—2005 GB 4706.24—2008 GB 4706.20—2004 GB 4706.26—2008 GB 4343—2009 GB 4706.8—2008	接地电阻	一次/半年	√	接地电阻测试仪
		电气强度	一次/半年	√	耐压测试仪
		泄漏电流	一次/半年	√	泄漏电流测试仪
		输入功率和电流	一次/半年		功率测试仪
		标志	一次/半年		
		防触电保护	一次/半年		
		溢水、淋水后的电气强度	一次/半年		
		稳定性和机械危险—门盖联锁	一次/半年	√	
		稳定性和机械危险—制动试验	一次/半年	√	
		电磁兼容	定期		
					游标卡尺、千分尺、调压器

注：表中各标准为检验时的现行标准。

1）例行检验项目——接地电阻检验。

按照型式试验要求，接地电阻检验需要通以25A的电流。由于例行检验是100%的检验，大电流对器具的电源线可能有一定的损害，因此在做接地电阻的例行检验时，标准规定只需通至少10A的电流，测量电压降并计算出电阻，该电阻不应超过：

① 对带电源软线的器具，0.2Ω或0.1Ω加上电源软线的电阻。

② 对其他器具，0.1Ω。

2）例行检验项目——电气强度试验。

按照型式试验要求，电气强度试验器具的绝缘应承受1min的高压，由于例行检验是在生产线上100%的检验，每个器具检验1min是不现实的，因此标准规定器具的绝缘只需承受频率为50Hz或60Hz、基本为正弦波的电压1s即可。试验电压值和施加位置见表8-4。

试验后不应出现击穿现象。当在试验电路中电流超过5mA时，假定出现击穿。然而，对带有高泄漏电流的器具，该限值可增至30mA。

表8-4 例行试验的试验电压

施加位置	试验电压/V		Ⅲ类器具
	0类器具,0Ⅰ类器具,Ⅰ类器具和Ⅱ类器具		
	额定电压/V		400
	≤150	>150	
带电部件和易触及金属部件之间： 1)其间仅用基本绝缘隔离的； 2)其间用加强绝缘或双重绝缘隔离的①、②	800 2000	1000 2500	

① 本试验不适应于0类器具。

② 对0类器具和0Ⅰ类器具，如果本试验被认为是不适当的，则本试验不需在Ⅱ类结构部分上进行。

8.1.6 试验仪器设备的检验

用于检验和试验的设备记录在"计量器具检测仪器设备台账"上，需按"计量器具、检测仪器检定计划"进行定期校准和检查，以满足检验试验能力。

检验和试验的仪器设备都有操作规程，检验人员按操作规程要求，准确地使用仪器设备。

1. 校准和检定

用于确定所生产的产品符合规定要求的检验试验设备应按规定的"计量器具、检测仪器检定计划"周期进行校准或检定。

校准或检定应溯源至国家或国际标准。对自行校准的，需规定校准方法、验收准则和校准周期等。设备的校准状态应能被使用及管理人员方便识别。在每台仪器上都贴有绿色合格证标志。

应保存设备的校准记录。按计划实施检定，有对应的计量检定证书。

（1）理解要点

1）校准（Calibration），在规定的条件下，为确定测量仪器所指示的量值或实物量具的赋值与对应的由测量标准所复现值之间关系的一组操作。校准一般不进行结果合格与否的判定。

2）检定（Verification），通过测量和提供客观证据，表明规定的要求已经得到满足的一组确认。检定与测量仪器的管理有关，检定提供了一种方法，用来证明测量仪器的指示值与被测量已知值之间的偏差，并使其始终小于有关测量仪器管理标准、规程所规定的最大允差。根据测量结果做出合格、降级使用、停用或恢复使用等决定。

3）溯源（Traceability），通过一条具有规定不确定度的不间断的比较链，使测量结果或测量标准的值能够与规定的参考标准（国家标准或国际标准）联系起来的可能性或过程。

4）生产厂应针对检验和试验设备的具体情况或特定要求，规定其校准或检定周期。

5）生产厂应选择具有相应资格的校准和/或检定机构（无论是本机构内部还是外部的）对检验和试验设备进行校准和/或检定。

6）在检验和试验设备上使用表明校准状态的标识。对于不能投入使用的检验和试验设备，一定要有醒目的标识，以防非预期使用。

（2）审查要点

1）查阅检验和试验设备一览表，确认其中的信息（包括校准或检定周期、校准或检定状态等）是否满足要求。

2）通过计量溯源图、计量机构的声明或类似文件了解溯源情况。

3）如有自行校准的情况，应查阅其规定，并确认是否合理、有效。

4）抽查现场使用的检验和试验设备是否有校准或检定记录，是否有易于识别的校准状态标识。

5）抽查保存的校准或检定记录，确认记录是否保存完好。

2. 运行检查

对用于例行检验和确认检验的设备除应进行日常操作检查外，检验员每天上班前和下班前还应按"运行检查规定"进行运行检查，将检查情况记录在"功能测试表"上，当发现运行检查结果不能满足规定要求时，应能追溯至已检测过的产品。必要时，应对这些产品重新进行检测，如下班前发现异常，可将当天检验过的产品重新检验，保存重新检验记录及仪器维修记录，维修后的仪器要重新检定。

（1）理解要点

1）运行检查（Functional check），定期对检测仪器设备进行的功能性检查，以判断该仪器能否用于进行产品检测和质量判断。

2）当检验/试验仪器设备的好坏直接影响产品质量时，则不仅要求该仪器设备要按有关规定定期校准，确保仪器设备准确，还要求对仪器设备在两次校准期间以简单有效的方法确定设备功能是否正常。

3）需进行运行检查的设备限于进行例行检验和确认检验的设备。

4）工厂应明确需进行运行检查的设备，同时规定其检查的要求、内容、频次和方法，使能做到一旦发现设备功能失效时，可将上次检测过的认证产品追回重新检测。

5）当检测设备在使用或运行检查中发现失准或失效时，工厂应对以往检测结果的有效性进行评价，并采取必要的措施。

6）有关的运行检查、评价结果及采取的措施必须有记录。

（2）审查要点

1）对用于例行检验和确认检验的设备是否规定了运行检查程序，其中的检查要求是否明确。

2）用于运行检查的样品是否进行了有效控制。

3）通过查阅运行检查记录和询问的方式，了解运行检查是否按要求得到实施，并保存了相应的记录。

4）通过查阅相关规定和询问设备操作人员的方式，了解操作人员在发现设备功能失效时，是否并如何采取措施。

5）工厂对发现设备失效时所采取的评价方法及相应措施是否适当。

6）抽查运行检查记录，并与现场调查的情况相比较。

7）设备失效时的结果评价及处理措施是否进行了记录。

表8-5是一些家用电器常用仪器的运行检测要求。

表8-5　一些家用电器常用仪器的运行检测要求

检验设备名称	主要功能	测试方法及要求
耐压测试仪	电气强度测试	①将样品插头电源线的各极分别对地短路，仪器均能发出声光报警 ②将高压端碰触高压输出低端，仪器应发出声光报警 ③将两端子分别接入一个6.3MΩ的电阻，调升电压为1700～1800V，漏电流为0.25mA时，仪器能发出声光报警
泄漏电流测试仪	泄漏电流测试	①将样品插头电源线的各极分别对地短路，仪器均能发出声光报警 ②量程转换到mA时，NG（超限）指示灯亮并附有报警声
接地电阻测试仪	接地电阻测试	①将接地电阻测试仪的测试输出两端短路，按测试键，接地电阻显示应小于1mΩ，将测试输出两端断开时，接地电阻显示溢出同时能发出报警声 ②测量样品插头电源线的插头L极与棕色电源线端，仪器不报警；将棕色、蓝色电源线连接在一起，测量样品插头的L、N极，仪器能发出报警声
电参数测试仪	功率、电流测试	采用一个合格的样品，用对比测试法，测试数值与样品的标称值相差4%为合格
匝间绝缘测试仪	匝间绝缘测试	采用一个合格的样品，用对比测试法，测试的波形与样品的波形重叠为合格
直流电阻电桥	导体电阻测试	用一条标准的样品电线连接到直流电阻电桥上，测得其电阻值在标准值的±4%之内，则表示该仪器正常

8.1.7　不合格品的控制

工厂建立"不合格品控制程序"，内容应包括不合格品的标志方法、隔离和处置及采取的纠正、预防措施。例行检验中发现的可确定返工、返修的产品，填写"返工通知单"并连同不合格品，交返工或返修人进行返工，返工措施填写在返工通知单上，经返修、返工后的产品应重新检测，并将返工后检验的结果记录在返工通知单上。所有经手人需签字确认，对重要部件或组件的返修应做相应的记录。对整批抽检的不合格或异常项目不合格，由检验员填写"不合格品报告单"，由相关人员评审后再处置。

（1）理解要点

1）不合格品的概念应涉及产品形成的各个阶段或步骤。

2）不合格品应有标志，与合格品分区存放。

3）当不合格由内部产生时，需及时纠正，并防止类似不合格再次发生。

4）关键元器件的返工、返修，应按规定做好记录。

5）应针对不合格的性质（如个别、批量或偶然性）及严重程度进行原因分析，必要时应采取相应的纠正、预防措施。

（2）审查要点

1）查阅不合格品的控制程序，确认其内容是否满足要求。

2）在现场审查的整个过程中，都应注意对不合格品的控制是否按规定的要求执行。

3）对发现的不合格品是否按规定进行了标识、隔离和处置。

4）重点查阅进货检验、过程检验和最终检验的不合格品记录并注意其处置情况。

5）随机抽查返工、返修品的记录，确认其操作是否按规定执行。

6）注意调查关键元器件和完成品的不合格品率是否超出正常范围。

7）对需要采取纠正和/或预防措施的不合格是否按规定采取了相应的有效措施，效果如何。

8.1.8　内部质量审核

工厂建立了"内部质量审核程序"，确保质量体系的符合性、有效性和认证产品的一致性，并记录内部审核结果。内审一般由外聘内审员带工厂内部一个人参与，按"内审计划"时间实施，审核员按"内审检查表"对每个部门进行审核。

应保存对工厂的投诉，尤其是对产品不符合标准要求的投诉记录，并作为内部质量审核的信息输入。对审核中发现的问题，应采取纠正和预防措施，并进行记录。

（1）理解要点

1）预防措施（Preventive action），为了防止潜在的不合格情况的发生、消除其发生的原因所采取的行动。

2）纠正措施（Corrective action），对于已出现的不合格消除其后果以及对产生的原因所采取的活动。

3）生产厂在进行内审时，除了审核体系的有效性外，应将保持认证产品的一致性作为内审的重要内容之一。

4）工厂应根据质量体系运行的实际情况（如过程的复杂性、重要性、运行情况及以往审核的结果）策划审核方案。应收集顾客的投诉，特别是对认证产品质量的投诉，并作为每次内审的输入信息。审核的频次应确保一年内的审核覆盖《强制性产品认证工厂质量保证能力要求》的全部内容。

5）对审核中发现的问题，有关部门应及时采取纠正和预防措施，审核人员对纠正和预防措施的实施结果进行验证和评价。

6）内部审核时，特别注意对产品一致性控制的有效性进行审核。

7）每次内审应有审核报告，对质量体系运行的有效性及产品一致性做出评价。

（2）审查要点

1）抽查最近一两年的内审记录，重点查阅对认证产品一致性和体系有效性的审核结果。

2）在查阅内审记录时，注意其中的内审输入信息中是否包括投诉信息，特别是对认证产品不符合标准要求的投诉，要予以重点关注。

3）通过抽查记录、询问调查和现场调查的方式，确认内审中发现的问题是否得到有效纠正，认为有可能影响产品质量的隐患是否采取了相应的预防措施。

8.1.9　认证产品的一致性

工厂编制"认证产品一致性控制及变更程序"，对批量生产产品与型式试验合格的产品的一致性进行控制，以使认证产品持续符合规定的要求。

在"认证产品一致性控制及变更程序"中规定：认证产品关键元器件和材料、结构等影响产品符合规定要求因素的变更（可能影响与相关标准的符合性或型式试验样品的一致性），在实施前应向认证机构申报并获得批准后方可执行。如对"工厂认证产品清单"上的产品名称、型号规格、供应商及产品铭牌、说明书、内部布线和结构等都要进行控制。

（1）理解要点

1）认证产品的一致性（Compliance of product），使用认证标志的产品在设计、结构和所使用的关键元器件、材料方面与型式试验样品一致的程度。

2）生产厂应制订并执行对于认证产品变更的控制程序（或类似文件），明确规定无论由于何种原因引起认证产品发生变更，都应在变更前向认证机构提出变更申请。

3）凡涉及认证产品的变更应向认证机构做出申报，提供相应的变更详细资料。

4）未经批准的变更，不能在变更产品上加贴认证标志。

（2）审查要点

1）当有批量产品生产时，依据型式试验合格样品的描述，确认批量生产出来的认证产品和样品是否一致。

2）通过样品描述，确认是否有变更；如有变更，是否经认证机构批准。

3）在对生产厂进行日常监督时，应确认加贴认证标志的产品是否与型式试验合格的样品相一致，变更是否经认证机构批准。

4）在现场审查时，不仅要关注整机的一致性，还包括关键元器件的一致性。

8.1.10　包装、搬运和储存

工厂所进行的任何包装、搬运操作和储存环境应不影响产品符合规定标准要求。仓库规定有"仓库管理制度"，货物进出有存卡记录，仓库储存环境通爽，货物分类堆放整齐，标识清楚，层数合理，搬运方法不会影响产品质量。

（1）理解要点

1）生产厂应明确需包装的认证产品的包装要求，所采用的包装材料、包装方法和包装过程不能对已符合标准要求的认证产品产生任何不利影响。包装表面的标识应符合国家标准。

2）生产厂对认证产品的搬运应做出明确规定，防止因搬运操作不当、搬运工具不适当和搬运人员不熟悉搬运要求等原因造成认证产品不符合规定标准的要求。为确保搬运质量，对搬运人员应进行培训，使其掌握必要的技能。

3）生产厂应针对产品的特点设定适宜的储存环境，保证储存的产品不因储存条件不适合而造成损坏。

（2）审查要点

1）在现场审查时，通过查阅与包装、搬运和储存相关的规定，抽查相关记录和现场观察等方式，确认其规定是否正确实施。

2）认证产品在包装、搬运和储存期间是否出现过严重的质量问题。

3）操作人员是否明确产品包装、搬运和储存的相关要求，特别是特殊物资的控制要求。

8.2　文件与记录检测

8.2.1　文件和记录检验要点及准备

认证机构审核员将对"工厂是否制订了质量计划、相关过程管理文件和程序文件；文件是否具备可行性和有效性；文件是否能得到有效控制；相关记录是否完备、清晰、真实"等方面进行审核。文件的审核一般在审厂办公室进行，包含审核质量负责人员对文件的理解是否准确。记录的审核可在现场检查中进行抽查。

工厂在认证机构审厂检查前，应自查各项文件是否完备并归档整理，各项记录的存放地点是否清楚，避免出现在审厂过程中浪费时间找文件和记录，甚至找不到的情况发生。

文件和记录的检验要求在本书8.1.2节中进行了详细叙述，本节不再重复。

注意：文件和记录的检验并不只针对本书8.1.2节中包含的内容，而是涵盖了本书8.1节列出的所有内容。本节的文件和记录检验和下一节的工厂现场检查只是审核人员进行工厂审查的两种不同形式，一个重点是对工厂的文件和记录进行检查分析，找出工厂在质量保障体系建立中的不符合项；一个重点是在生产现场检查各项文件的实施情况。

8.2.2　文件和记录案例分析

案例1：审核员在办公室查看该工厂"公司管理文件汇编"中发现有15份文件都是第2版，查阅"受控文件清单"发现其中8份已经是第3版。于是询问该厂文件管理人员对作废文件如何处理？文件管理人员回答"收回销毁或盖作废章"。审核员仔细检查文件汇编中的15份文件都没有作废标识。

案例分析：不符合文件控制"在任何情况下，为防止作废文件的非预期使用，作废文件根据发放登记收回或盖作废章"的规定，存在不符合项"有8份作废文件未收回销毁或盖作废章。"这类不符合项在编者审查实践中经常遇到，工厂应明确作废文件"在任何情况下"都必须做出标识，特别是文件汇编，文件存档中对作废文件做保留的地方要特别留意。

案例2：审核员在审厂过程中要求厂方提供关键元器件清单，厂方未能提供。

案例分析：工厂应建立并保持文件化的程序，确保对本文件要求的文件和记录以及必要的外来文件和记录进行控制。对可能影响认证产品与标准的符合性和型式试验合格样品一致性的主要内容，工厂应有必要的设计文件（如图样、样板、关键件清单等）、工艺文件和作业指导书。无论任何理由未能提供关键元器件清单都应被判定为不符合项。厂方应在后续的整改过程中，由质量管理部门列出关键元器件清单，经批准后受控发放，并对相关人员进行培训。

案例3：审核员在审厂过程中发现一关键元器件是外购器件，未见针对该器件的来料检验要求和抽样方法。该厂质量负责人答辩称对方已提供合格证书，故未对该产品进行检验。

案例分析：该厂的这种认识不符合强制性产品认证工厂检查要求附录C中3.2.2的规定。"工厂应选择合适的控制质量的方式，以确保入厂的关键件的质量特性持续满足认证要求，并保存相关的实施记录。每批进货检验，其检验项目和要求不得低于认证机构的规定。"工厂应由品质部门制定该关键件的来料检验标准，并按规定实施和做好记录。

案例4：审核员在审厂过程中要求厂方提供本年度的确认检验记录，而厂方未能提供。

案例分析：强制性产品认证实施规则对产品的确认检验做出了明确规定，详见本书附录A。工厂必须在规定的时间内对产品进行确认检验，该检验可由委托实验室进行。出现该问题后，工厂应送台认证产品到国家认可的实验室进行检验，保存检测报告并对相关人员进行培训。

确认检验报告并不只限于自己的成品，如采用获得认证的零部件作为关键元器件，则这些部件也必须提供确认检验报告（可责成供货商提供）。这类问题工厂应特别留意，编者审厂实践最近两年100多家厂有30%左右多是由于未能提供确认检验报告被判定存在不符合项。

案例5：审核员在审厂过程中发现电源变压器和插头电源线采购记录中有一供货商未出现在合格供应商名单中。厂方答复说是刚增加进去的。

案例分析：这类现象不符合附录C中3.1条的规定"工厂应建立并保持关键件合格供应商名录。关键件应从经批准的合格供应商处购买。"工厂应制订相应的程序对供应商进行控制，对选择、评定和日常管理必须明确规定其控制方法；并保存的对供应商选择评价记录，包括合格供应商名录、供应商质保能力调查表等。出现这类问题工厂应对采购人员进行培训，对供货商进行评价，如合格则纳入到合格供货商名单中。

案例6：审核员在某电风扇厂审厂过程中要求厂方提供作业指导书，厂方未能提供其中一个型号的作业指导书，辩称员工都是熟练工人，该型号与其他电风扇其实生产过程都一样。

案例分析：附录C中4条对工厂生产过程进行了规定。规定"4.1 工厂如有特殊工序，应进行识别并实施有效控制，控制的内容应包括操作人员的能力、工艺参数、设备和环境的适宜性、关键件使用的正确性。4.2 如果特殊工序没有文件规定就不能保证产品质量时，应建立相应的作业指导文件，使生产过程受控。"并注明了对特殊工序的定义"对形成的产品是否合格不易或不能经济地进行验证的工序通常称为特殊工序。"现实实践中审核员会根据自己的经验对该过程是否易于验证进行判定。一个电风扇的生产过程中，电动机的安装等工序应属于特殊工序，故该现象应判定为不符合项。出现该不符合项后，工厂应由品质部门制定作业指导书，按照作业指导书进行生产装配并做好记录。

案例7：审核员在审厂过程中查阅了"例行检验和确认检验程序"，发现认证产品的确认检验缺少接地保护项目。

案例分析：此类问题较少见，一般由于厂家工作人员疏忽引起。厂家在制订例行检验和确认检验程序时，必须符合家用电器工厂质量控制检测要求的规定，严格覆盖规定中每一项目。请参见本书附录A。

案例8：审核员在审厂过程中未查阅到对认证产品老化工序的工艺要求。厂方辩称老化工序由非常有经验的老工人负责，还称就像厨师一样，新手看菜谱，大厨凭感觉。

案例分析：编者审厂实践中遇到过多次厂家用类似的语言来解释无工艺要求的现象。而且作为个人不得不承认厂家所说有一定道理。但作为一个规范化的工厂，一个关键的工序绝对不能依赖于个人。也就是说当这个人发生辞职、生病、请假等任意情况，换了另外一个员工到这个岗位后，这个工序不能受到任何影响。所以出现这类情况，厂家的正确做法是制定该工序的工艺文件，培训相关人员并做好记录。

8.3 工厂现场检查

工厂现场检查是指工厂审核员进入厂方生产现场，对质量保障体系的实施和产品的一致性进行检查，并同时检查工厂是否存在不符合强制性产品认证规定实施规定的地方。生产现场检查包括产品抽检（年度监督检查）、生产环节检查（考察质量管理体系实施情况和进行产品一致性检查）和现场指定试验（考察厂家检验人员的水平，能否保证每个出厂产品合格）。

8.3.1 产品抽检

对电风扇类、室内加热器类、皮肤和毛发护理器具类、电磁灶类、液体加热类的获证产品，年度监督检查时应进行抽样检测；对其他类别（家用电冰箱和食品冷冻箱类、空调器类、电动机-压缩机类、家用电动洗衣机类、电热水器类、真空吸尘器类、电熨斗类、电烤箱（便携式烤架、面包片烘烤器及类似烹调器具）类、电动食品加工器具（食品加工机（厨房机械））类、微波炉类、电灶、灶台、烤炉和类似器具（驻立式电烤箱、固定式烤架及类似烹调器具）类、吸油烟机类、冷热饮水机类、电饭锅类）的获证产品，需要时，进行抽样检测。认证机构应于每年年底前将抽样检测效果报国家认监委。

抽样检测的样品应在工厂生产的合格品中（为切实保证认证产品的一致性和真实性，抽样场所可以根据实际情况选择市场/企业销售网点现场、生产线末端、仓库等）随机抽取。抽样检测由指定的实验室负责。具体抽样方法和要求按认证机构有关规定执行。认证机构可针对不同产品的不同情况，以及其对产品安全性能或电磁兼容性能影响程度，进行部分或全部项目的检测。

8.3.2 生产环节检查要点

生产环节主要是对工厂质量保障能力的检查和产品一致性检查。其中质量保障能力主要是以本书8.2节所述文件记录检查为主，现场检查主要是查看实施情况是否与文件要求一致，由于各个产品该部分检查内容都不相同，审核员在此部分检查中主要依据自己的经验、对该类型电器生产过程的了解、国家和工厂对生产过程的规定进行检查。对于工厂来说，要做到在生产过程的各个环节都符合文件要求，人员得到足够培训。该部分将以案例形式在8.3.4节呈现。

产品一致性检查主要包含以下3个方面：

1）认证产品的铭牌和包装箱上所标明的产品名称、规格、技术参数、型号与型式试验报告上所标明的应一致。

2）认证产品的结构（主要为涉及安全与电磁兼容性能的结构）应与型式试验时的样机一致。

3）认证产品所用的安全元器件、重要零部件和材料对电磁兼容性能有影响的主要零部件应与型式试验时申报并经认证机构所确认的一致。在工厂检查时，对产品安全和电磁兼容性能可采取现场见证试验。

对审核员来说，主要就是要核对产品一致性，特别是产品关键元器件使用是否符合关键元器件的相关规定。

1. 关键元器件

不同的整机包含不同的关键元部件，例如一台音频功率放大器可能包含电源插头与软线、熔断体、电源开关、环型电源变压器、PCB、跨接在电源开关触点间隙上的电阻器及电容器等关键元部件。整机厂应根据产品的实际配置将所有关键元部件列出并按对关键元部件的要求进行管理。

附录 B 列出家用电器常见的关键元部件的检验标准和检测项目，读者可根据表 B-1、表 B-2 列出具体产品的关键元部件检测项目表。

这些标准贯彻了电工电子产品的安全要求，是根据其可能的使用功能、结构特征而制订的。具体的元部件选用相应的标准，结合该元部件的结构特征、可能的使用场合，选择适用的试验项目、试验应力。同一类的元部件产品，或即使是结构相同的同一类元部件产品，为了适应不同的整机要求或不同的使用场合要求，该元部件往往会有不同的特征分类，因此，整机制造厂可要求元部件供应商提供足够的资料信息以作选择、安装和使用参考。

关键元部件的种类虽然较多，试验项目也差别较大，但归结起来，元部件的安全主要还是由元部件的结构、工艺、材料、标准化的尺寸等决定，标准规定的一系列试验项目实际上也就是对元部件的结构、工艺、材料、标准化尺寸等的验证以确保元部件在正常情况和最不利情况下不会发生触电、起火等危险。作为整机生产厂，可能有相当一部分不具备元部件试验的专用设备，其实也不需要元部件试验的专用设备。但是掌握元部件的结构检查方法对于整机厂有效控制和准确运用关键元部件还是很有好处的。元部件结构、电气间隙、爬电距离及绝缘穿透距离的测量通常需要对元部件作解剖检查。例如变压器、光耦合器、开关等的解剖检查。开关电源变压器在检查完整体结构以及一次侧，二次侧与磁芯的电气间隙和爬电距离后，需拆开磁芯逐层剥开胶带，在此过程中检查一次侧与二次侧间的电气间隙、爬电距离，以及一次侧与二次侧间的绝缘层数。光耦合器在检查完外部电气间隙和爬电距离后，需要将成品外包封料打磨直至耦合器件本体外露，以测试绝缘穿透距离和内部爬电距离。

工厂应对认证机构审核员的相关检查可从以下三个方面入手：

1）整机厂的对策。对整机产品进行型式试验时、对元部件的评定和试验按如下规定进行：

① 当元器件已被证实符合与有关的元部件国家标准、行业标准或 IEC 标准相协调的标准时，应检查该元部件是否按其额定值正确使用。该元部件还应作为设备的一个组成部分承受整机产品型式试验标准（例如，对 AV 产品，型式试验标准为 GB 8898—2011；对 IT 产品型式试验标准为 GB 4943.1—2011，GB 4943.23—2012）规定的有关试验，但不再承受有关的元部件国家标准、行业标准或 IEC 标准规定的试验。

② 当元器件未按上述证实其是否符合有关标准时，应检查该元部件是否按其额定值正确使用、该元部件还应作为设备的一个组成部分承受整机产品型式试验标准规定的有关试

验，而且还要按整机设备中实际存在的条件，承受该元部件标准规定的有关试验。

③ 如果某元部件没有对应的国家标准、行业标准或 IEC 标准，或元部件在电路中不按它们规定的额定值使用，则该元部件按整机设备中实际存在的条件进行试验。试验所需要的样品数量通常与等效标准所要求的数量相同。

根据以上要求，整机工厂可采取如下对策配合产品认证：

① 在关键元部件的选型上，应尽量采用已获得国内认证或 CB 认证的元部件，并在申请时将认证证书与关键元部件清单一起提交认证机构。这是因为元部件试验检测周期较长，例如，按标准要求，X/Y 电容器、热敏电阻器、压敏电阻器的耐久性试验为 42 天。采用未经认证的元部件将延误整机产品的认证。

② 要求或鼓励关键元部件供应商对其生产的元部件预先进行单独认证。

③ 通过单独认证的元部件还需要作为整机设备的一个组成部分承受整机产品型式试验标准的有关试验，包括正常工作和故障条件下的试验等，因此不能简单地认为通过了单独认证的关键件在整机认证中就一定没问题。也就是说，通过了单独认证的关键件在整机中还有选型和正确安装使用等问题。

2）工厂质量管理对关键元部件的控制。为保证投放市场的整机产品的安全和电磁兼容性能与通过型式试验样机的一致性，确保工厂能够持续稳定地生产出符合认证要求的商品，目前，世界各国的产品认证普遍采用第 5 种认证模式，即型式试验 + 质量体系检查评定 + 认证后监督。因此，作为产品一致性检查的一个重要方面就是认证产品所用的关键元部件应与型式试验确认的相一致。

针对关键元部件的"受控"要求，整机厂可根据"工厂质量保证能力要求"展开管理，例如对关键元部件的采购、进货检验和供应商评定、仓储、一致性检查等的监控管理。

整机产品获得认证后，关键元部件包括元部件结构、材料、型号规格、技术参数、供应商的变更或增加等引起的变更，均需按工厂质量保证能力要求对照"变更控制程序"实施变更，包括向认证机构申请变更，必要时经检测机构检测确认后并有认证机构批准后方可实施变更等。

另一方面，对由此而涉及的部门或要素应实施相应的跟踪控制，这也是产品认证监督检查时的重要内容，持证人或生产厂应引起足够重视。

元部件的变更程序比较烦琐，因此整机厂在初次型式试验时就应充分考虑，尽可能避免以后变更。例如，同一元部件可由多家供应商来提供，并将这些供应商的样品、资料、认证证书等提交认证机构和检测机构以供确认。

3）工厂对关键元器件的跟踪。整机厂获得 3C 证书后，关键元器件的检测跟踪必须定期进行，一般建议每月进行一次。关键元器件所获得的证书为不定期证书，可能由于质量控制不严在国抽、省抽、飞行检测中出现不合格的情况而被停证。按照强制认证的规定，停证的关键元器件在整机产品中不得使用。跟踪关键元器件状态的办法一般是到 CQC 网站查询关键元器件证书状态。

方法：进入 CQC 网站（www.cqc.com.cn）单击"证书查询"，或直接输入"http://www.cqc.com.cn/chinese/zscx/A0107index_1.htm"进入查询页面，输入需要查询的证书号，查询证书是否仍然有效。查询 3C 证书如图 8-1 所示，查询 CQC 证书在 CQC 自愿性产品认证和中国饲料产品认证证书查询处查询，查询结果如图 8-2 所示。

图 8-1　3C 证书查询

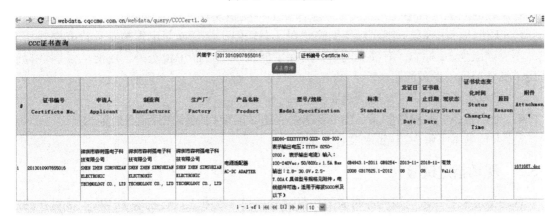

a) 有效状态

图 8-2　3C 证书查询结果

查询状态正常的关键元器件可以继续使用，出现证书暂停和无效的需要暂停使用。当某个元器件的所有供货商的证书全部被停时，则必须进行证书变更程序，并停止生产和销售。

在认证机构派出审核员进厂实施审厂流程时，工厂最好提前打印好所有关键元器件的查询结果，供审核员检查。

2. 工厂现场检查的其他要点

除对关键元器件进行重点关注以外，一般审核员需对以下几点进行关注，同时也是工厂在应对现场检查需注意的地方。

1）所有类别的获证产品有小批量生产（25 台以上），或库存状态能够满足检查要求（库存产品生产日期为上次工厂检查日期之后）。工厂必须保证能提供各种样品，否则会导致检查的中止或暂停。

2）产品一致性满足要求。审核员对照型式试验报告检查产品的一致性。需要说明的是近年的型式试验报告增加了大量的产品照片，要求每个关键点都拍照。工厂应保证在生产现场、库存的产品都符合一致性要求。

3）上年度工厂检查不符合项关闭完整。特指上年度工厂检查为第二档的情况，检查上次检查发现的问题是否整改完成。工厂应保证上年度整改有效并落到实处。

4）无滥用标志现象。工厂应特别注意在证书暂停、恢复或新申请的工厂检查中，所有成品不应该出现3C标志。有经验的审核员除了能从现场成品中检查外，还能从强制性标志使用审批登记表中发现问题。

5）批量生产现场目击试验满足要求。

6）生产设备、检测仪器满足能力要求。目击试验使用仪器在计量有效期内。

7）人员基本了解3C认证和文件要求。

8.3.3 现场指定试验

现场指定试验一般为该产品对应的例行检验项目，审查人员会要求工厂检验员对样品进行试验，并记录试验结果、检验设备名称、编号、型号和计量证书号等。

现场指定试验的项目在"家用电器工厂质量控制检测要求"中列出，可在本书附录A中查询。

企业要针对具体产品在例行检验或抽检中补充试验项目。

电风扇例行试验补充项目：输入功率试验。在额定电压、最大负载或制造厂规定的条件下，测量输入总功率。

家用电动洗衣机例行试验补充项目如下：

1）滚桶式干衣机门盖联锁试验。试验时干衣机带额定负载，在额定电压或额定电压范围上限下运行。然后手动打开门，在开门超过75mm之前，能自动断开电机电源（滚筒停止运转）；在门开75mm时，再按下"启动工作"按钮，也不能使滚筒运转。

2）洗衣机、脱水机制动试验。顶开门或侧开门的滚筒式洗衣机如果工作时可打开机门、盖，则在打开超过50mm之前能切断电动机电源、滚筒停止运转。

3）全自动波轮式洗衣机以及顶开门式脱水机在脱水工作状态，打开门盖75mm时，应能切断电源、洗涤桶或脱水桶停止运转。

前开门式脱水机或前开门式滚筒洗衣机如果在脱水工作时能打开机门、盖，则在门、盖打开 12mm 时应能切断电源，脱水桶或滚筒停止运转。

在脱水状态，带额定负载，当机盖或机门打开（如果能打开）50mm 时，桶的转速应能在 7s 内降到 60r/min 以下。

8.3.4 工厂检查案例分析

案例 1：审核热处理车间，作业指导书要求的热处理温度是 860℃ ±5℃，实际现场的监控是 840℃，问为什么？操作者答：我们一直这样干，作业指导书是错的。

案例分析：存在不符合事实"作业指导书要求的热处理温度是 860℃ ±5℃，实际现场的监控是 840℃"。对工厂发布的关于生产工艺的过程控制文件必须严格执行，如确实错误，也应由工厂品质管理部门修改作业指导书，然后按修改后的作业指导书进行生产作业。此类现象在工厂检查中很常见，很多工厂以老工人经验比死规定更准确等理由进行辩解。审核员不要去否定个别经验丰富人员确实能提高工艺，应认定生产工艺不能依赖某一个人，整个生产过程是受控的，判定该现象属于不符合项。

案例 2：审核员在某电容包装车间里，看见工人用一台电子秤称量待包装的小电容。审核员看见电容包装袋上注明每袋电容的重量为 500g ±5g，审核员抽查现场已称完重量的两袋，发现称量值分别为 483g 和 483.5g。工人解释说："每袋的重量都是够的，只是这台秤不准。"审核员看见秤上贴的校准标签上表明该秤是在校准周期内的，但该秤在不称量物体时确实不能回零。

案例分析：在企业生产过程中，使用的监视或检测设备应准确有效，以确保监视和检测活动可行并与监视和测量的要求相一致。必要时测量设备可进行调整或再调整。一般在生产实践中，工厂应把监视与测量设备送到国家计量部门进行计量校准，如发现设备准确性下降（如对同一产品两台测量设备读数不一致）时，应立即进行调整并重新计量校准。为节约成本，厂家也可采用内校的方式进行设备调整，即以一台经过计量且在校准期内的设备为准，其他设备调整到与该设备一致。

说明："监视与检测"是企业质量保障能力的关键体现，本例只说明了仪器的重要性。审核员会主要从以下 5 个方面进行审核：

1）文件：是否制定了监视与检测的相关文件，且符合法规要求、充分、合理。

2）记录：是否有检验记录，有授权人员签字。

3）人员：实施监视与检测的人员是否有资质，经询问和现场试验是否能力足够。

4）仪器：仪器是否满足要求，且按规定校准。

5）标识：经检测的产品要做好标识（如案例 3）。

案例 3：审核员在质检部审核，现场发现天平、台称、荧光分析仪等检测设备检定合格的标签良好，主任说，荧光分析仪是我们自己校准的。此时，检验员正好走过来，指着已检过的 5 个同样的试样，惊讶地说"你们没动过试样吧，刚才检出这 5 个试样中有两个不合格，现在不知道是哪两个了"。审核员和主任面面相觑。

案例分析：此案例就是监视与检测过程中未重视标识带来的后果。未做好标识，会让整个监视与检测程序流于形式。

案例 4：某零件表面处理工艺文件中规定：每筐限装该零件 10 件，在 80～90℃ 槽液中浸泡 20min，近期因蒸气不足，槽液温度最高也只能达到 68℃，工厂决定用延长浸泡时间来解决，即浸泡30min，为保证产量，每筐装15件。在蒸气不足的情况下完成了生产任务。审核员问工艺员是否知道这一工艺更改，工艺员表示不知道。

案例分析：此现象违背了附录C第4条的规定。工厂如有特殊工序，应进行识别并实施有效控制，控制的内容应包括操作人员的能力、工艺参数、设备和环境的适宜性、关键件使用的正确性。整个生产过程的特殊、关键工序必须受控，确保最终产品与认证样品一致。

案例5：在型材厂检验科审核时，专业审核员看到检验员正在按该产品出厂检验规程进行检验，测试9项指标。该型材产品国家标准规定出厂检验应测13项指标。

案例分析：此现象违背了附录C中2.2条的规定："2.2 工厂应确保文件的正确性、适宜性及使用文件的有效版本"。工厂制订的检验规程等质量控制文件不应低于国家的强制性要求。

案例6：在某电风扇厂进行工厂检查时，在生产线上有10多台半成品，审核员质疑其防触电结构，经现场试验（电气强度试验）不合格。工厂车间主任上前辩称这些产品是不合格品。

案例分析：在工厂审查中，厂方人员总有各种理由去掩盖或转移不符合项的认定。审核员不必去反驳其每条理由，而可从其他方面去进行认定。如本例，审核员后来引用了工厂检查规定"7.1 工厂应对不合格产品采取标识、隔离、处置等措施，避免不合格产品非预期使用或交付，返工或返修后的产品应重新检验。"认定这批产品属于不合格品未做标识。

案例7：审核员在审核某电线电缆厂时，发现挤塑工段上指示工作压力的压力表无指示。工人说，压力表没问题，可能是设备管路上堵塞了。遇到这种情况审核员应该怎么做？

案例分析：审核员不能认为工人的话有道理就进行下一项审核任务，而应该从下面4个方面去验证、审核。

1）查看该工段的工艺文件，了解产品对工作压力、工作时间等工艺参数的要求，检查生产现场是否按工艺要求调整了设备。

2）了解压力表的检定要求，请负责人提供压力表的检定证明，确定压力表是否正常。

3）了解设备的运行情况，确定设备是否运行正常。

4）查看该设备的近期检验记录，确定产品是否满足要求。

总之，审核员遇到工厂的辩解理由后，不能轻易下结论，应从各个方面去验证是否会影响产品的质量和一致性。

案例8：审核员在工厂审核时发现，生产装配上采用的电线电缆的厂家与型号不在关键元器件清单内。工厂辩称该电缆规定一致，取得国家3C证书并出示了证书，该电缆的质量比关键元器件清单内其他电缆质量更好。

案例分析：该现象不能简单认定质量不会下降（很大可能如此），故判定为合格。该现象不符合附录C的8.3条的规定："8.3 关键件，认证产品所用的关键件应满足以下要求：b. 与经确认/批准或备案的一致；"对于关键元器件的变更必须先经认证结构确认/批准或备案后，再在生产中实施。

案例9：在某电风扇厂对喷雾电风扇（可随风喷出雾化水气）进行审核时，审核员认为这种结构在喷雾状态下防触电性能会受到极大影响，经现场进行电气强度试验，该厂提供的几台产品全部被击穿。审核员认为此类器具型式试验应不合格，工厂辩称已取得型式试验报告，且合格。工厂认为型式试验是否合格是国家实验室的事，工厂检查审核员应只检查质量保障能力和产品一致性。该审核员离开，暂停了工厂检查，后工厂投诉到国家认监委。你认为审核员这么做对不对？

案例分析：《电子电器类产品强制认证实施规则》（编号：CNCA-01C-016：2010）第4.3.1.2 条规定："在工厂检查时，对产品的安全和电磁兼容性能可采取现场见证试验"。当审核员怀疑产品的安全和电磁兼容性能，且现场试验不合格的，审核员有权暂停或中止工厂检查。这条规定用于避免承担产品型式试验的实验室由于疏忽或其他原因得出的结论不准确。

8.4 不符合项

8.4.1 工厂检查结论

检查组向认证机构报告检查结论。检查结论为不合格的，检查组直接向认证机构报告不合格结论；工厂检查存在不符合项时，工厂应在认证机构规定的期限内完成整改，认证机构（检查组）采取适当方式对整改结果进行验证。未能按期完成整改的，按工厂检查结论不合格处理。

检查结论见表 8-6，分为 4 个档次。对于获得第 2、第 3 档次检验结论的工厂而言，要在拿到报告后马上针对报告所述的不合格项做出下一步整改动作，关闭不符合项，争取早日取得证书。

表 8-6 工作检查结论

1	无不符合项	□工厂检查通过
2	存在不符合项	□工厂应在规定的期限内采取纠正措施,报检查组验证有效后,工厂检查通过。否则,工厂检查不通过
3	存在不符合项	□工厂应在规定的期限内采取纠正措施,检查组现场验证有效后,工厂检查通过。否则,工厂检查不通过
4	存在不符合项	□工厂检查不通过

依据编者统计，在工厂检查中，中小企业极少直接获得结论 1 "工厂检查通过"；早期大多数企业被判定为结论 3，需现场整改；今年随着中小企业质量保障能力的提高，大多数企业被判定为结论 2，需书面整改。

8.4.2 常见不符合项及关闭方法

由于在中小企业的工厂检查结论中多存在不符合项，需整改，故本节重点介绍工厂面对开出的不符合项的整改一般流程。

企业切忌只针对审核员开出的不符合项，对照工厂检查要求进行简单书面回复。这样的整改方式会被认定为敷衍、整改不彻底；而且即使审核员由于某个原因让你通过，第二年年度检查时出现相同的不符合项，会被认定严重错误，可能直接判定工厂检查不通过。

例如，某厂被审核员开出不符合项"工厂未能提供产品年度确认检验记录（安全部分）"。工厂在不符合项报告的纠正措施简述中写到"提供产品年度检验记录"。

类似这样的望文生义似的关闭不符合项措施，会让人理解为根本没做深入的整改，只是"文字"整改。

一般来说，审核员开出的不符合项可以分为文件类（文件某项错漏或缺少某文件）、记录类（缺少某项记录）、生产现场类和其他类（如标志管理）等四类。下面就分别对各类不符合项的关闭方式进行案例说明。

1. 文件类不符合项关闭流程

1）制订相关文件，文件经批准后培训相关人员。

2）提供文件和培训记录给审核员。

以下案例1为文件某项错漏的实例，案例2为缺少某文件的处理实例。

案例1：某厂被开出不符合项"作业指导书缺少锡炉温度和阻焊剂比重的规定"。

工厂关闭不符合项过程：

1）工程部负责修订作业指导书，增加对锡炉温度和阻焊剂比重的规定，并培训相关人员。此内容叙述在不符合项报告上，如图8-3所示。

2）提供修改后的作业指导书，如图8-4所示。

3）提供人员培训记录，如图8-5所示。

案例2：某厂被开出"无采购控制程序"的不符合项。

工厂关闭不符合项过程：

1）工厂重新制定采购控制程序，并培训相关采购人员，使之按此文件执行。此内容叙述在不符合项报告上，如图8-6所示。

2）提供制订的采购控制程序，如图8-7所示。

3）提供采购控制程序培训记录，如图8-8所示。

2. 记录类不符合项关闭程序

在审核员进行记录审核时，开出的关于记录的不符合项一般为两种情况：可能是缺少关键记录，如确认检验记录；缺少生产过程一段时间的记录。一般处理过程如下：

1）进行人员培训。

2）提供培训记录和生产过程记录（不符合项中缺少的记录）给审核员。

3）如果相关文件错漏，则修订文件（常见于缺少确认检验记录）。

下面就两种情况给出实例，案例3为缺少确认检验记录，案例4为缺少一般性记录。

案例3：某厂被开出"未能提供年度确认检验记录（安全部分）"的不符合项。

案例分析：此类问题在中小企业非常常见。中小企业对认证法规不熟悉，获证后由于各种原因忘记进行确认检验。这类不符合项工厂应从如下几个方面进行整改：

1）如文件错漏，则修订关于确认检验的文件（本例无）。

2）描述纠正措施，如图8-9所示。

3）进行人员培训，提供人员培训记录，如图8-10所示。

4）送实验室进行确认检验，提供确认检验报告，如图8-11所示。

说明：如时间关系，来不及取得确认检验报告，可提供送检证明给审核员。如缺少的确认检验记录不是本厂产品，而是缺少产品关键元器件的确认检验记录，则可向原材料供货方索取确认检验报告。

工厂检查不符合报告

CQC/16 流程 0202. 04

☒初始检查　　　　□监督检查　　　　共 2 页第 2 页

受检查方名称	广州市 ▮▮▮▮▮ 电子有限公司	检查报告编号	2012-A082814-▮▮▮▮
受检查部门或区域	生产部	检查日期	2012-4-8

不符合事实陈述

　　锡焊工序工艺作业指导书《焊锡炉操作保养规程》（XQ-C-G1201）中未规定锡炉温度和助焊剂比重的工艺要求。

不符合"工厂质量保证能力要求"和/或认证规则的条款：4.2

不符合国家法律法规、规章、行政性规范文件内容：

对实施纠正措施的要求

完成时间：　40　工作日内完成

验证方法：
　　☒对受检查方提供的纠正措施实施证实性资料进行文件评价并在下次现场检查时跟踪验证。
　　□对纠正措施实施的有效性进行现场验证。

检查员（签名）	旦▮▮	检查组长（签名）	于▮▮	受检查方代表（签名）	刘▮▮

纠正措施简述

工程部负责，修改锡炉作业指导书，增加对锡炉温度和助焊剂比重的规定，并培训相关人员。

受检查方代表(签字) 刘▮▮　　　　　2012 年 4 月 8 日

检查组确认意见	纠正措施是否可行或有效？□是　□否	确认人（签名）：
	现场验证结果是否有效？□是　□否	年　　月　　日

注：此表由受检查方代表填写"纠正措施简述"后连同有关资料报检查组。

图 8-3　文件类不符合项报告

标准作业指导书			Doc.No.： Y-A001 01	Page：1 / 2

产品名称型号	通用工序	作业名称	浸锡（通用）	★！	标准时间		S	标准产量：	pcs
作业类别：	□插件 □补焊	□装配 □加工		工位号：：TY1-03		版次：A 0		生效日期	2012.04.09

一、作业内容

1.锡炉工作区域的温度（位于锡面中心附近的表面上）根据实际需要控制在 275℃±10℃ 范围内。每 2h 进行 1 次确认，且做好报表。

2.每日浸锡工作时须随时注意，要测量助焊剂的比重 ρ=(0.81±0.01)g/cm³ 之间，并结合焊点的质量判断出助焊剂之质量是否合适。若浓度不合适，须及时调整、甚至更换之。

3.当锡温到达设定值后，用浸锡夹从待浸机板架上取待浸锡之机板先浸助焊剂，后浸锡。（浸助焊剂过程中助焊剂不可淹到 PCB 之上表面；浸锡过程中锡面不可浸上 PCB 之上表面。）浸锡时间通常为 3～5s，具体时间以浸锡的质量效果来决定。

4.浸锡后自检焊点质量，不符合要求，可以且仅能重复步骤 3 一次。

5.浸完锡之机板放入机板架等待剪脚。

6.按《设备维修保养制度》的要求，定期清理炉渣，并予以记录。

二、注意事项

1.整个操作过程要注意安全，尤其不能有水和易燃易爆物品落入锡炉！

2.上完锡的线路板，要注意平放冷却，减少翘曲变形。PCB 的铜箔面不应起泡。

3.上锡过程中，要及时清理锡炉表面的氧化物。

4.若浸微动开关建议使用无松香之助焊剂。

示意图：

焊接的基本要求

a.具有良好的导电性：良好的焊点是焊料与被焊面互相扩散形成合金，而不是简单的堆焊或只有部分形成合金（虚焊）。

b.焊料适当：焊点上焊料数量或浓度少，机械强度低，由于表面氧化加深容易导致焊接失效；过多则容易造成短路和虚焊，而且浪费材料。

c.焊点应有良好的光泽，焊点要光滑、均匀。

d.焊点不应有毛刺、空隙。

e.焊点表面应清洁。

	A2			201	
	A1			201	
版本	更 改 单 号	更 改 代 号		生效日期	更改人
8					
7					
6					
5					
4					
3					
2			锡条	kg	
1			待上锡的线路板	块	
序	物料编号	物料名称及规格		单位	用量 备注

7		1	8		
5	捞渣勺	1	6	灰扒	1
3	镊子（整型等用）	1	4	不锈钢夹	1
1	锡炉	1	2	温度计	1
序	仪器/工具名称及规格	用量	序	仪器/工具名称及规格	用量

编制： 审核： 批准：

受控

图 8-4　修改后的作业指导书

培训考核记录

2012 年 4 月 9 日　　　　TA No.：

培训题目	设备操作保养	内容提要	锡炉、切脚设备的操作保养
授课人	刘	课时　1	培训方式　面授
			考核方式　面试、实操
培训时间	08-09 点	人数　3	记录人　曾

培 训 签 到 / 成 绩 表

编号	签到	成绩	编号	签到	成绩	编号	签到	到	成绩
1	曾	良	17			33			
2	王	良	18			34			
3	王	良	19			35			
4			20			36			
5			21			37			
6			22			38			
7			23			39			
8			24			40			
9			25			41			
10			26			42			
11			27			43			
12			28			44			
13			29			45			
14			30			46			
15			31			47			
16			32			48			

效果分析	效果良好，能够满足对设备操作保养的要求	分析人	
		确认人/日期	曾　2012.04.09

Doc. No.： D-1002

图 8-5　案例 1 培训记录

工厂检查不符合报告

CQC/16 流程 0202.04

□初始检查　　☒监督检查　　　　　　　　　共3页第1页

受检查方名称	广州市▮▮▮▮电器有限公司	检查报告编号	2012-A067613-▮▮▮▮
受检查部门或区域	品质部	检查日期	2012-9-28

不符合事实陈述

　　无采购控制程序

不符合"工厂质量保证能力要求"和/或认证规则的条款：3.1

不符合国家法律法规、规章、行政性规范文件内容：

对实施纠正措施的要求

完成时间：　__40__　工作日内完成

验证方法：
　　☒对受检查方提供的纠正措施实施证实性资料进行文件评价并在下次现场检查时跟踪验证。
　　□对纠正措施实施的有效性进行现场验证。

检查员（签名）	▮▮	检查组长（签名）	▮▮	受检查方代表（签名）	罗▮

纠正措施简述：重新制订采购控制程序文件并培训相关采购人员，使之按此文件执行。

受检查方代表(签字)　罗▮　　　　　　　　　2012年10月28日

检查组确认意见	纠正措施是否可行或有效？　□是　□否 现场验证结果是否有效？　　□是　□否	确认人（签名）： 年　　月　　日

注：此表由受检查方代表填写"纠正措施简述"后连同有关资料报检查组。

图 8-6　案例 2 不符合项报告

	质量手册	文件编号: JQ-B-3101
		生效日期: 2012.09.29
标题	采购控制程序	页次: 1/2　　版次: A.0

1 目的

通过对供应商选择评定和日常管理，确保所采购的物资符合规定的要求。

2 适用范围

适用于对关键元器件和材料的供方进行调查、选择、评定，以对采购过程实施控制，确保供应商具有保证生产关键元器件和材料满足要求的能力，及采购符合要求的材料。

3 职责

3.1 工程部负责编制采购物资的技术标准及《关键元器件清单》，进行样品小批量测试或验证。

3.2 采购部负责组织供方评定，依据工程部门制定的《关键元器件清单》建立《合格供方名册》，并定期对供方的供货业绩进行评估。

3.3 品质部负责建立供方档案，对供方的物资进行检测或验证。

4 工作程序

4.1 工程部门制定认证材料的采购物资技术标准。该要求应满足整机认证的规定，并与型式试验报告备案认证的一致。制定《关键元器件清单》，依据能认证的《型式试验报告》。

4.2 供方的评定

4.2.1 采购部根据采购物资技术标准和单位发展的需要，通过与同类物资的质量、价格、服务进行比较，初定候选供方的名单，并将有关资料填入《供方评定表》。对于关键物资供应方，尽可能由质管部门组织对其实地考查，并将有关物资能够提供的书面材料（如产品体系自我认证证书等）；对有强制性的/自愿性认证要求的产品，必须提供与有效的证书，以证实其质量保证能力，方可将其列为合格候选供方。

4.2.2 对关键元器件和材料需要经过试样品测试及小批量试用即测试或验证。服务部向候选供方提供的样品，或要求其提供近似的样品（一般数量少于5件），或是由供方提供供货规格书和检测报告以给本单位的工程部确认。采购部将样品以及《供方评定表》送质量部门，质量部门对样品测试或验证。

24

	质量手册	文件编号: JQ-B-3101
		生效日期: 2012.09.29
标题	采购控制程序	页次: 2/2　　版次: A.0

填写《供方评定表》中相关栏目。

质量部门将结果反馈给采购部。若测试不合格，允许供方重新送样，但不能超过2次。

b. 样品测试合格，采购部通知供方小批量送货。经品质部进货检验合格后，文件（生产）部试用。试用后的（半）成品，出品质部出具相应测试报告，填写《供方评定表》中相关栏目。

c. 样品测试及小批量试用测试均为合格的供方经质量负责人批准后，可以列入《合格供方名册》。认定列入《合格供方名册》的依据是认证的型式试验负责人批准后，可以列入《合格供方名册》。工厂应设立并保持有关供货商备查。关键物资采购应从经批准的合格供应商采购处。工厂应保存有关供货单、合同、出入库单。

4.3 供方的质量监控

4.4 采购部负责建立供方的质量档案。

4.5 采购部组织，每年一次对供方进行质量、价格、交货期、配合度等综合评估。经总评估低于70分的，取消其合格供方的资格（此类即需总经理批准。如果中途供方有异常，例如所用关键件停供等，或本单位认为有需要变更供方，采购部提出需求，可以组织相关部门联合评审，选取新供方，并按变更控制程序执行后方才实施。

4.6 供方变更后，要及时更新《合格供方名册》。

项目　分数	材料质量	价格	服务配合度	交货期	备注
25	优	相对低	周到	及时	
20	良好	适中	好	准时	
15	一般	偏高	一般	较准时	
10	差	高	较差	不够准时	

*价格：根据市场同类材料价格低价，最低价，平均价，计算出一个均为标准，合理的价格。

*质量：若以关键件由质量部门测试书和检测报告书认定无比例发。

*质量：是否选项目。

5 相关文件

《供方评定表》、《合格供品控制程序》

6 质量记录：《合格供方名册》、《供货日常记录表》

25

图8-7 制订的采购控制程序

培训考核记录

2012年 9月27日　　　　　　　　　　　TA No.：

培训题目	采购控制程序	内容提要	通过对供应商选择评定和日常管理，确保的采购的物资符合规定的要求。				
授课人	罗█	课时	2	培训方式	面授		
				考核方式	面试		
培训时间	9:00-11:00	人数	2	记录人	勒█		

培训 签 到 / 成 绩 表

编号	签 到	成绩	编号	签 到	成绩	编号	签 到	成绩
1	宜█	良	17			33		
2	施█	良	18			34		
3			19			35		
4			20			36		
5			21			37		
6			22			38		
7			23			39		
8			24			40		
9			25			41		
10			26			42		
11			27			43		
12			28			44		
13			29			45		
14			30			46		
15			31			47		
16			32			48		

效果分析	效果良好，学员都能理会规定中的要求，达到了培训的目的。	分析人	罗█
		确认人/日期	郝█ 2012.9.27

Doc. No.: D-1002

图8-8　采购控制程序培训记录

	工厂检查不符合报告		
			CQC/16 流程 0202.04

初始检查	监督检查		共 3 页第 3 页
受检查方名称	广州市花都区██████器材厂	检查报告编号	2012-A050806-██████
受检查项目或区域	品质部	检查日期	2012-06-17 至 2012-06-18

不符合事实陈述
未能提供本年度内安全项目的成品确认检验报告。

不符合"工厂质量保证能力要求"和/或认证规则的条款：5.3

不符合国家法律法规、规章、行政性规范文件内容：

对实施纠正措施的要求

完成时间：____30____ 工作日内完成

跟进方法：
对受检查方提供的纠正措施实施证实性资料进行文件评价并在下次现场检查时跟踪验证。
对纠正措施实施的有效性进行现场验证。

检查员（签名）	检查组长（签名）	受检查方代表（签名）
██	██	██

纠正措施简述
组织相关人员进行培训，并按照要求将认证产品送到有认可的机构内测试，保留报告和相关记录，并将报告送检查组审核。

受检查方代表（签字）██████ 2012 年 06 月 26 日

检查组确认意见	纠正措施是否可行或有效？	□是 □否	确认人（签名）：
	现场验证结果是否有效？	□是 □否	年 月 日

注：此表由受检查方代表填写"纠正措施简述"后连同有关资料报检查组。

2009-11-3 (2/1)   第 页共 页

图 8-9 缺少确认检验记录不符合项报告

培训考核记录

2012 年 6 月 19 日 　　　　　　　　　　TA No.：

培训题目	成品确认检验	培训时间	2012.6.19
授课人	白▉	培训方式	口述
内容提要	让品质部人员 熟识 成品确认检验的要求		

培 训 签 到 / 成 绩 表

编号	签 到	成绩	编号	签 到	成 绩	编号	签 到	成绩
1	唐▉	优	2	刘▉	优	3	黄▉	优
4	陈▉	优	5			6		
7			8			9		
10			11			12		
13			14			15		
16			17			18		
19			20			21		
22			23			24		
25			26			27		
28			29			30		
31			32			33		
34			35			36		
备注								

D-002

图8-10　案例3培训记录

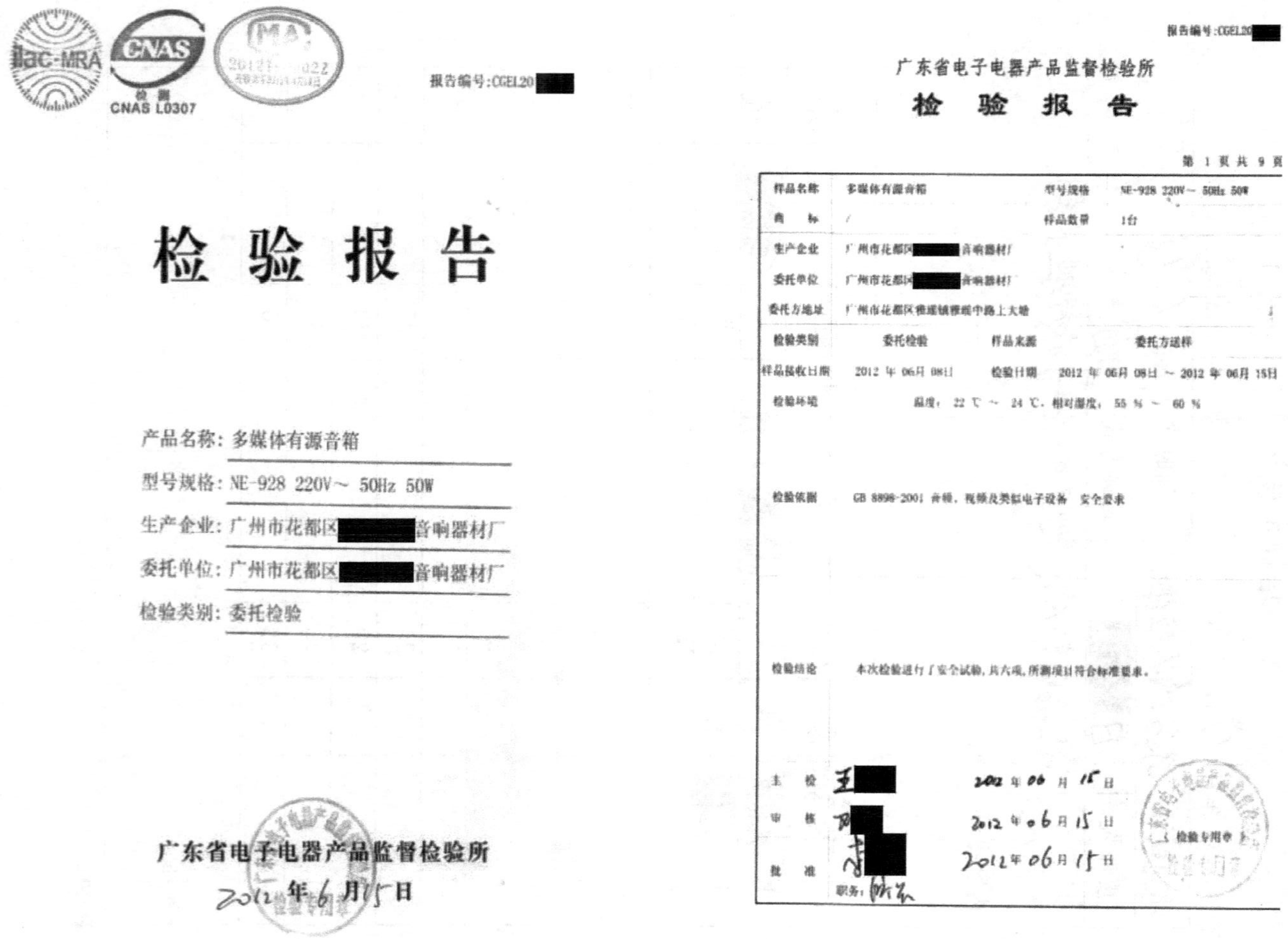

检 验 报 告

报告编号:CCEL20

产品名称:多媒体有源音箱
型号规格:NE-928 220V～ 50Hz 50W
生产企业:广州市花都区 音响器材厂
委托单位:广州市花都区 音响器材厂
检验类别:委托检验

广东省电子电器产品监督检验所

图 8-11 工厂取得的确认检验报告

案例4：某厂被开出"在生产某工序中，要求恒温烙铁控制在330℃±10℃，但工厂未能提供相应的监控记录"。

案例分析：这类虽然是缺少记录文件，但可归结为人员不按文件规定实施生产过程。故整改过程主要是提供人员培训的证明文件。实际关闭情况如下：

1）简述纠正措施"进行人员培训，做好记录"，如图8-12所示。

工厂检查不符合报告

CQC/16 流程 0202.04

☒初始检查   □监督检查   共 2 页第 1 页

受检查方名称	广州市▮▮▮▮科技有限公司	检查报告编号	2013-A077846-▮▮
受检查部门或区域	生产部	检查日期	2013-07-27

不符合事实陈述

　　查生产线小板焊接主FPC工序（编号：ZY018 中工序2）要求烙铁温度控制在330℃±10℃，但工厂未能提供相应的监控记录。

不符合"工厂质量保证能力要求"和/或认证规则的条款：4.3
不符合国家法律法规、规章、行政性规范文件内容：/

对实施纠正措施的要求

完成时间：　40　工作日内完成

验证方法：
　　☒对受检查方提供的纠正措施实施证实性资料进行文件评价并在下次现场检查时跟踪验证。
　　□对纠正措施实施的有效性进行现场验证。

检查员（签名）	徐▮	检查组长（签名）	徐▮	受检查方代表（签名）	肖▮

纠正措施简述

生产部负责用相关文件培训烙铁温度监控人员，做好监控记录。

受检查方代表（签字） 肖▮　　　　　　　2013 年 7 月 27 日

检查组确认意见	纠正措施是否可行或有效？	□是 □否	确认人（签名）：
	现场验证结果是否有效？	□是 □否	年　月　日

注：此表由受检查方代表填写"纠正措施简述"后连同有关资料报检查组。

图8-12　缺少一般性记录不符合项报告

2）提供人员培训记录，如图8-13所示。

3）提供后续生产过程记录文件，证明已按文件规定实施，如图8-14所示。

记录编号：JL0711　　　　员工培训考核记录　　2013年7月28日

培训题目	关于电烙铁使用温度记录的规范.				
内容提要	电烙铁温度记录				
授课人	汪▉	课时	1小时	培训地点	一楼会议室.
				考核方式	问答
培训时间	14:00—15:00	人数	3	培训方式	授课

培　训　签　到／成　绩　表

编号	签 到	成绩	编号	签 到	成 绩	编号	签 到	成 绩
1	汪▉		19			37		
2	王▉		20			38		
3	潘▉	优	21			39		
4			22			40		
5			23			41		
6			24			42		
7			25			43		
8			26			44		
9			27			45		
10			28			46		
11			29			47		
12			30			48		
13			31			49		
14			32			50		
15			33			51		
16			34			52		
17			35			53		
18			36			54		

效果分析	通过培训，掌握了电烙铁温度记录的规范.	分析人	张▉
		确认人	汪▉

图8-13　案例4培训记录

电烙铁温度控制记录

编号：JL0619　　　　　　　　　　　　　　　　2013年 7月

时间	项目＼日期	1	2	3	4	5	6	7	8	9	10	11	12	13	14	15	16
上午记录	电烙铁温度／℃ 记录时间：08:00																
	电烙铁温度／℃ 记录时间：10:00																
下午记录	电烙铁温度／℃ 记录时间：14:00																
	电烙铁温度／℃ 记录时间：16:00																
晚上记录	电烙铁温度／℃ 记录时间：18:30																
	电烙铁温度／℃ 记录时间：20:30																

时间	项目＼日期	17	18	19	20	21	22	23	24	25	26	27	28	29	30	31
上午记录	电烙铁温度／℃ 记录时间：08:00															
	电烙铁温度／℃ 记录时间：10:00															
下午记录	电烙铁温度／℃ 记录时间：14:00												325℃			
	电烙铁温度／℃ 记录时间：16:00												323℃			
晚上记录	电烙铁温度／℃ 记录时间：18:30															
	电烙铁温度／℃ 记录时间：20:30															

检查员：阅　　　　　　　　审批：张

备注：电烙铁温度要求控制在：330℃±10℃范围内。

图 8-14　经培训后的生产过程记录文件

注：该记录29日快递给审核员，如快递日期延后，则应提供从培训日起到快递日前一天的所有记录文件。

3. 生产现场类不符合项的关闭

审核员进行生产现场检查时，一般会关注两个方面：工厂是否按相关文件组织及生产及过程监控，进行监控的设备和人员是否满足要求。故审核员在生产现场检查时开出的不符合项一般有两种：未按文件执行，不能证明设备/人员满足生产现场的要求。

案例5：某厂被开出"现场检测锡炉温度为293℃，与作业指导书的要求280℃不符"。

案例分析：这类属于未按规定执行。这类不符合项有两种情况，一种是人员随意操作，一种是作业指导书有误。如果是人员随意操作，则关闭不符合项，从人员培训、提交培训记录和培训后操作记录入手。如果是作业指导书有误，则从修改作业指导书入手。本例为作业指导书有误，实际关闭情况如下：

1）简述纠正措施"进行作业指导书修订，用新文件培训相关人员，保存记录"，如图8-15 所示。

2）提供修订的作业指导书，如图8-16 所示。

3）提供人员培训记录，如图8-17 所示。

案例6：某厂被开出"未能提供在用绕线机2013 年4 月至今的日常维护保养记录"。

案例分析：这类属于不能证明设备满足生产要求。工厂在组织生产的过程中，除了制定符合要求的各类文件以外，必须保证执行这些文件的人员和设备处于合格的状态。否则文件就会变成一纸空文。出现这类不符合项一般需重新培训相关人员。本例实际关闭情况如下：

1）简述纠正措施"用相关文件培训设备责任人，做好设备的日常维护保养记录"，如图8-18 所示。

2）提供人员培训记录，如图8-19 所示。

3）提供后期设备日常维护保养记录，如图8-20 所示。

4. 其他类不符合项的关闭

审核员在进行工厂检查时，除了检查工厂的质量保障能力以外，还会对工厂是否有违反强制认证的其他规定，其中最关注的是3C 标志的使用问题。国家的3C 标志的获取、使用有严格的规定，防止标志被滥用到不符合规定的地方。在强制认证实施规则中规定3C 标志可以是粘贴或者印刷等方式，粘贴的标志必须向认证机构购买，印刷需取得相关证书。而工厂由于节约成本等原因，往往取得证书后随意印刷3C 标志，而未取得相关证书。

案例7：某厂被开出"工厂采用印刷/模压标志3C 方式，但未能提供证书：有效的印刷/模压批准书"。

案例分析：这类现象是工厂检查中常见不符合项之一。关闭此不符合项的方法是取得相关证书并进行人员培训。实际关闭情况如下：

1）简述纠正措施："质量负责人向CCC 标志管理发放中心3C 标志印刷/模压备案申请，培训相关人员，保存记录。"不符合项报告如图8-21 所示。

2）取得相关证书，包含包装上印刷/模压3C 标志批准书（如图8-22 所示）和本体上印刷/模压3C 标志批准书（如图8-23 所示）。

3）提供人员培训记录，如图8-24 所示。

工厂检查不符合报告

CQC/16 流程 0202.04

□初始检查　　☒监督检查　　　　　　　　　　共 2 页第 2 页

受检查方名称	广州市████实业有限公司	检查报告编号	2011-A061516-████检查-1
受检查部门或区域	生产部	检查日期	2011 年 09 月 24 日

不符合事实陈述

　　现场监测锡炉温度为 293℃，与作业指导书（锡炉操作规程 SQ-C-G1201）的要求：280℃不符。

不符合"工厂质量保证能力要求"和/或认证规则的条款：4.2

不符合国家法律法规、规章、行政性规范文件内容：

对实施纠正措施的要求

完成时间：　40　工作日内完成

验证方法：
　　☒对受检查方提供的纠正措施实施证实性资料进行文件评价并在下次现场检查时跟踪验证。
　　□对纠正措施实施的有效性进行现场验证。

检查员（签名）	陈████	检查组长（签名）	陈████	受检查方代表（签名）	余████

纠正措施简述

　　工程部负责，修订作业指导书锡炉操作规程，温度要求改为：290°C±10°C,以与实际相符。

　　以新文件培训相关人员，保存记录.

受检查方代表(签字) 余████　　　　　2011 年 9 月 27 日

检查组确认意见	纠正措施是否可行或有效？	□是　□否	确认人（签名）：
	现场验证结果是否有效？	□是　□否	年　　月　　日

注：此表由受检查方代表填写"纠正措施简述"后连同有关资料报检查组。

图 8-15　不符合项报告

设备操作保养规程

广州市████实业有限公司	文件编号：SQ-C-G████
焊锡炉操作保养规程	页　　码：1　OF　1
！安全兼特殊工序！	修 订 号：A0

1、　　使用前的准备工作：

1.1、　　清理焊锡槽杂物，并在焊锡槽中加入锡条浸没至 0.5 cm 以上。

1.2、　　预先调节"温度调节"旋钮,温度要求：290℃±10℃。

2、　　操作规程：

2.1、　　接通电源，电源指示灯亮，电流表指示在额定电流处，说明锡炉处在加热状态，同时加热指示灯"ON"点亮。

2.2、　　到了指定温度，锡炉会自动切换到保温状态，此时停止加热，且加热指示灯"OFF"点亮，电流表指示在"0"处。

2.3、　　用测量温度 $t \geqslant 300℃$ 的温度计（精度 ≤1）测量锡溶液工作表面温度,是否达到指定温度。如达不到指定温度的要求，可通过调节"温度调节"旋钮，使焊锡炉表面温度达到使用要求。

3、　　定时开关机：

　　　　使用定时开关，可以获得不同的时值。

4、　　注意事项：

4.1、操作员必须持证上岗。

4.2、焊锡槽内锡条不能淹没发热管时，不要接通电源，以免高温损坏焊锡槽及发热管，造成不良事故。

4.3、在高温的锡溶液中，不能掺杂水分明显的物体，以免锡液乱溅造成伤害事故。

4.4、如发现锡炉始终处在加热状态下，导致温度升高异常，则应立即切断电源，并报维修处理。这之前所连续生产的产品，应予以标识、隔离，并报质量管理部门处理。

5、　保养规程

5.1 定期保养，按《设备操作保养规程》要求执行。

拟制	████	审批	████	生效日期	2011.9.27

图 8-16　案例 5 修订后的作业指导书

培训考核记录

2011 年 9 月 29 日　　　　　　　　　　TA No.：

培训题目	设备操作规程	内容提要	就新的作业指导书锅炉操作规程，对生产部进行培训。		
授课人	▊	课时	2	培训方式	面授
				考核方式	面试，实操
培训时间	14:00-16:00	人数	6	记录人	▊

培 训 签 到 / 成 绩 表

编号	签到	成绩	编号	签 到	成绩	编号	签 到	成绩
1	▊	玄	17			33		
2	▊	玄	18			34		
3	▊	玄	19			35		
4	▊	玄	20			36		
5	▊	玄	21			37		
6	▊	玄	22			38		
7			23			39		
8			24			40		
9			25			41		
10			26			42		
11			27			43		
12			28			44		
13			29			45		
14			30			46		
15			31			47		
16			32			48		

效 果 分析	效果良好，达到培训的要求，能够满足生产以及检验的需求。	分析人 ▊
		确认人 ▊
		日　期 ▊

Doc. No.: D-1002

图 8-17　案例 5 人员培训记录

工厂检查不符合报告

CQC/16 流程 0202.04

□初始检查　　　☒监督检查　　　　　　　　共 1 页第 1 页

受检查方名称	广州市番禺区████电子加工厂	检查报告编号	2013-V014625-0010████
受检查部门或区域	生产部	检查日期	2013 年 5 月 24 日

不符合事实陈述

　　未能提供在用绕线机（编号：YG-02）2013 年 4 月至今的日常维护保养记录。

不符合"工厂质量保证能力要求"和/或认证规则的条款：4.4

不符合国家法律法规、规章、行政性规范文件内容：

对实施纠正措施的要求

完成时间：　40　工作日内完成

验证方法：
　　☒对受检查方提供的纠正措施实施证实性资料进行文件评价并在下次现场检查时跟踪验证。
　　□对纠正措施实施的有效性进行现场验证。

检查员（签名）	████	检查组长（签名）	████	受检查方代表（签名）	张██

纠正措施简述

生产部负责，用相关文件培训设备责任人，做好日常维护保养记录。

受检查方代表(签字) 张██　　　　　　2013年 5 月 25 日

检查组确认意见	纠正措施是否可行或有效？	□是　□否	确认人（签名）：
	现场验证结果是否有效？	□是　□否	年　　月　　日

注：此表由受检查方代表填写"纠正措施简述"后连同有关资料报检查组。

图 8-18　案例 6 不符合项报告

培训考核记录

20 13 年 5 月 25 日   TA No.：

培训题目	3C 不符合项整改	内容提要	生产设备使用保养制度		
授课人	戴■	课时	1	培训方式	面授
				考核方式	面试，实操
培训时间	15:00~16:00	人数	6	记录人	何■

培 训 签 到 / 成 绩 表

编号	签 到	成 绩	编号	签 到	成 绩	编号	签 到	成 绩
1	红■	良	17			33		
2	黄■	良	18			34		
3	李■	良	19			35		
4	黄■	良	20			36		
5	黄■	良	21			37		
6	何■	良	22			38		
7			23			39		
8			24			40		
9			25			41		
10			26			42		
11			27			43		
12			28			44		
13			29			45		
14			30			46		
15			31			47		
16			32			48		

效果分析	效果良好，达到培训的要求，能够满足生产以及检验的需求。	分析人	何■
		确认人/日期	胡■ 2013.5.25

Doc. No.: D-1002

图 8-19 案例 6 人员培训记录

设备维护保养记录表

设备编号：　设备名称：绕线机　　　年度：2013年　　　BOF No.：

项目、内容	频率	月	01	02	03	04	05	06	07	08	09	10	11	12	13	14	15	16	17	18	19	20	21	22	23	24	25	26	27	28	29	30	31	批准
1. 清洁	天次	～																									✓		✓					
2. 机头检查	周次	～																											✓					
3. 机箱维护保养	周次	～																												✓				
4. 机箱维护保养	月次	～																												✓				
5. 线路维护保养	月次	～																												✓				
6. 油漆	半年次																																	

审核（签名）：

异常情况记录：（在表中以"Xi"标识）

使用部门：生产部　　　　　　　　保养人：　　　　　　　　Doc No.：D-4003

图8-20　后期设备日常维护保养记录

工厂检查不符合报告

CQC/16 流程 0202.04

□初始检查　　　☒监督检查　　　　　　　　　　共1页第1页

受检查方名称	广州市花都区▇▇▇▇电子厂	检查报告编号	2013-A049680-080▇▇▇
受检查部门或区域	质量负责人	检查日期	2013 年 6 月 28 日

不符合事实陈述

　　工厂采用印刷/模压 3C 标志的方式,但未能提供证书:201301080562▇▇▇ 有效的印刷/模压批准书。

不符合"工厂质量保证能力要求"和/或认证规则的条款:9

不符合国家法律法规、规章、行政性规范文件内容:/

对实施纠正措施的要求

完成时间:　90 工作日内完成

验证方法:
　　☒对受检查方提供的纠正措施实施证实性资料进行文件评价并在下次现场检查
　　　时跟踪验证。
　　□对纠正措施实施的有效性进行现场验证。

检查员 (签名)	▇▇▇	检查组长 (签名)	▇▇▇	受检查方代表 (签名)	蔡▇▇

纠正措施简述

质量负责人负责向 CCC 认证标志发放管理中心,提交 3C 标志 印刷/模压备案申请,并对相关人员进行培训,保存记录.

受检查方代表(签字)　蔡▇▇　　　　　　　　　　　2013 年 6 月 28 日

检查组 确认意见	纠正措施是否可行或有效? 现场验证结果是否有效?	□是　□否 □是　□否	确认人(签名): 　　　　年　　月　　日

注:此表由受检查方代表填写"纠正措施简述"后连同有关资料报检查组。

图 8-21　案例 7 不符合项报告

中国强制性产品认证印刷／模压标志批准书

Permission of Printing/Impressing China Compulsory Product Certification Mark

No. FZ201305■■■

　　兹批准本通知书申请人在由下列生产厂为其生产的产品包装上使用印刷方式加施强制性产品标志。

WE HEREBY AUTHORIZE THE APPLICANT IN THE FACTORY TO ADOPT PRINTED USING COMPULSORY CERTIFICATION MARK. THE APPROVED DESIGN OF MARKS MUST BE SHOWN ON THE PACKING OF PRODUCTS.

申　请　人：　广州市花都区■■■■电子厂
APPLICANT:

制　造　商：　广州市花都区■■■■电子厂
MANUFACTURER:

生　产　厂：　广州市花都区■■■■电子厂
FACTORY:

证　书　号：　201301080562■■■
CERTIFICATE NO:

批准图案（见附页）
APPROVED PATTERN (SEE ATTACHMENT)

有效日期从　　2013年 7月 26日 至 2014年 7月 25日
VALID DATE FROM　Jul. 26, 2013 TO Jul. 25, 2014

发证日期：　　2013 年 07 月 26 日
APPLICATION DATE: Jul. 26, 2013

中国国家认证认可监督管理委员会
Certification and Accreditation Administration
of the People's Republic of China

地址：中国 北京 朝阳区朝阳门外大街甲10号中认大厦5层　　　　邮编：100020
ADD.: 5F A10, Chaowai Street, Chaoyang District, Beijing, P.R.China　POSTCODE: 100020
电话TEL：+86-10-65991234　传真FAX：+86-10-65994099/65994173/65991234 http://www.cnca.gov.cn

图 8-22　包装上印刷/模压 3C 标志批准书

中国强制性产品认证印刷／模压标志批准书

Permission of Printing/Impressing China Compulsory Product Certification Mark

No. FZ201305█████

　　兹批准本通知书申请人在由下列生产厂为其生产的产品本体上使用丝印方式加施强制性产品标志。

WE HEREBY AUTHORIZE THE APPLICANT IN THE FACTORY TO ADOPT SCREEN-PRINTED USING COMPULSORY CERTIFICATION MARK. THE APPROVED DESIGN OF MARKS MUST BE SHOWN ON THE BODY OF PRODUCTS.

申　请　人：	广州市花都区████████电子厂
APPLICANT：	
制　造　商：	广州市花都区████████电子厂
MANUFACTURER：	
生　产　厂：	广州市花都区████████电子厂
FACTORY：	
证　书　号：	201301080562████
CERTIFICATE NO：	

批准图案（见附页）
APPROVED PATTERN （SEE ATTACHMENT）

有效日期从　　　2013年 7月 26日 至 2014年 7月 25日
VALID DATE FROM　Jul. 26, 2013 TO Jul. 25, 2014

发证日期：　　　2013 年 07 月 26 日
APPLICATION DATE： Jul. 26, 2013

中国国家认证认可监督管理委员会
Certification and Accreditation Administration
of the People's Republic of China

地址：中国 北京 朝阳区朝阳门外大街甲 10 号中认大厦 5 层　　　　邮编：100020
ADD.：5F A10, Chaowai Street, Chaoyang District, Beijing, P.R.China　POSTCODE：100020
电话TEL：+86-10-65991234　传真FAX：+86-10-65994099/65994173/65991234 http://www.cnca.gov.cn

图 8-23　产品本体印刷/模压 3C 标志批准书

培训考核记录

2013 年 6 月 29 日　　　　　　　　　　　　　TA No.：20130601

培训题目	认证标志的管理要求				
内容提要	1、认证标志的使用要求；2、如何确保加贴认证标志的产品保持与认证时的正确性和一致性，以使认证产品持续符合强制性认证的质量要求。				
授课人	███	课时	1	培训方式	面授
				考核方式	提问，实操
培训时间	10:00～11:00	人数	4	记录人	邓██

培 训 签 到 / 成 绩 表

编号	签 到	成绩	编号	签 到	成绩	编号	签 到	成 绩
1	███	衣	17			33		
2	███	衣.	18			34		
3	███	优	19			35		
4	███	优	20			36		
5			21			37		
6			22			38		
7			23			39		
8			24			40		
9			25			41		
10			26			42		
11			27			43		
12			28			44		
13			29			45		
14			30			46		
15			31			47		
16			32			48		

效果分析	效果良好 很好达到认证标志的管理要求.	分析人	戴███
		确认人/日 期	邓██ 2013.6.29

Doc. No.: D-1002

图 8-24　案例 7 人员培训记录

本节从文件类、记录类、生产现场类和其他类4个方面对关闭不符合项的方法进行了说明，列举了7个有代表性的案例。在工厂检查时被审核员开出的不符合项远不止这7类，工厂需把握从"做对、培训、记录"这3个方面进行不符合项的关闭。按照国家规定对没做对的地方进行改正，做对它；对涉及这个不符合项的人员进行培训；保存做对和培训的记录。

<h1 style="text-align:center">习　题</h1>

一、思考题

1. 申证产品包含了哪些关键元部件？

2. 对这些关键元部件有哪些要求？为此，整机厂有何对策？

3. 应如何对这些元部件进行选型？

4. 为持续稳定地生产出与通过型式试验样机一致的产品，工厂对这些元部件有哪些控制要求？

5. 如果你是工厂质量负责人，审厂前一天你会做哪些工作？

6. 如果你是工厂审厂联络员，上午进行现场检查的时候发现生产现场不合格品堆放混乱，你准备怎么做？

二、实操题

1. 每个小组拿出本章涉及编写的程序文件和填写的记录文件，交换到另外一个不同小组。每个小组负责对另外一个小组的文件做工厂审核（不考虑文件的完整性）。

2. 教师提供完整的工厂文件、标准、规程等，仍然以10人小组为单位，以教学当月为时间，假定有7批次生产，填写所有的记录表格。然后交叉做工厂审查，教师提供空白工厂检查报告。

3. 请针对给出的某电风扇产品的关键元器件清单，查询各证书状态。

三、不符合项关闭练习题

请给出图8-25～图8-30的不符合项的关闭思路，并做出需提供给审核员的相关证据。

受检查方名称	江门████器材有限公司	检查报告编号	2013-A069247████
受检查部门或区域	品管部	检查日期	2013年3月5日上午
不符合事实陈述			
查文件《例行检验和确认检验程序》（编号：BQ-B-5001），认证产品确认检验项目缺少接地电阻检验项目及要求。			
不符合"工厂质量保证能力要求"和/或认证规则的条款：5.1			
不符合国家法律法规、规章、行政性规范文件内容：			

图　8-25

受检查方名称	广州市白云区███电器厂	检查报告编号	2012-A063712-███
受检查部门或区域	品质部	检查日期	2012-8-18

不符合事实陈述

　　未能提供有效的获证产品档案。

不符合"工厂质量保证能力要求"和/或认证规则的条款：2.4a)

不符合国家法律法规、规章、行政性规范文件内容：

图　8-26

受检查方名称	广州市███有限公司	检查报告编号	2013-A090679-08
受检查部门或区域	品质部	检查日期	2013-05-21

不符合事实陈述

　　查插头电源线来料检验报告（2012-10-12，20pcs，52RVV 2*0.5），未记录电源线截面积测试结果。

不符合"工厂质量保证能力要求"和/或认证规则的条款：3.2.1

不符合国家法律法规、规章、行政性规范文件内容：/

图　8-27

受检查方名称	广州市███实业有限公司	检查报告编号	2013-A083642-███-F01
受检查部门或区域	品质部门	检查日期	2013 年 03 月 31 日

不符合事实陈述

　　查工厂未能提供耐压测试仪和接地电阻测试仪的功能检查记录。

不符合"工厂质量保证能力要求"和/或认证规则的条款：6.3

不符合国家法律法规、规章、行政性规范文件内容：

图　8-28

受检查方名称	广州市▮▮▮▮▮▮▮实业有限公司	检查报告编号	2011-A061516-▮▮▮▮-HF-检查-1
受检查部门或区域	采购部	检查日期	2011 年 09 月 24 日
不符合事实陈述 电源板为外购，查 J0-0000 I04《采购技术控制要求》，未明确对电路板上关键件（X 电容，Y 电容，变压器，保险管等）的技术采购要求。 　　未见合格供应商名录。			
不符合"工厂质量保证能力要求"和/或认证规则的条款：3.1			
不符合国家法律法规、规章、行政性规范文件内容：			

图　8-29

受检查方名称	广州▮▮▮▮▮有限公司	检查报告编号	2012-A061538▮▮▮▮▮▮▮
受检查部门或区域	质量负责人	检查日期	2012 年 3 月 14 日
不符合事实陈述 　　工厂未能提供 2011 年度至今印有 CCC 标志的铭牌使用记录。			
不符合"工厂质量保证能力要求"和/或认证规则的条款：1.1C			
不符合国家法律法规、规章、行政性规范文件内容：			

图　8-30

附录

附录A　家用电器工厂质量控制检测要求

1. 说明

1）例行检验是在生产的最终阶段对生产线上的产品进行的 100% 检验，通常检验后，除包装和加贴标签外，不再进一步加工。确认检验是为验证产品持续符合标准要求进行的抽样检验，确认试验应按标准的规定进行。

2）例行检验允许用经验证后确定的等效、快速的方法进行。

3）确认检验时，若工厂不具备测试设备，可委托实验室试验。

家用电器工厂质量控制检测要求见表 A-1。

表 A-1　家用电器工厂质量控制检测要求

产品名称	认证依据标准	试验项目	确认检验 （标准条款编号）	例行检验 （标准条款编号）
家用电冰箱和食品冷冻箱	GB 4706.1—2005 GB 4706.13—2008 GB 4343.1—2009 GB 4706.8—2008	接地电阻	一次/年（§ 27.5）	√（附录中方法一）
		电气强度	一次/年（§13.3）	√（附录中方法二）
		泄漏电流	一次/年（§13.2）	
		输入功率和电流	一次/年（§10）	
		防触电保护	一次/年（§8）	
		发热	一次/年（§11）	
		防水	一次/年（§15.101,15.102）	
		耐热、耐燃	一次/年 （§30） 注:耐热、耐燃 1)相同材料、同一供应商的只做一次。 2)若能提供方法十中的证明性文件，可免除此项目的确认检验。	
		电磁兼容	一次/两年	

（续）

产品名称	认证依据标准	试验项目	确认检验 （标准条款编号）	例行检验 （标准条款编号）
电风扇	GB 4706.1—2005 GB 4706.27—2008 GB 4343.1—2009 GB 4706.8—2008	接地电阻	一次/年 （§27.5）	√ （附录中方法一）
		电气强度	一次/年 （§13.3）	√ （附录中方法二）
		泄漏电流	一次/年 （§13.2）	
		输入功率	一次/年 （§10）	√ （附录中方法三）
		标志	一次/年 （§7）	
		发热	一次/年 （§11）	
		非正常工作	一次/年 （§19.6）	
		机械危险	一次/年 （§20.2）	
		耐热、耐燃	一次/年 （§30） 注:耐热、耐燃 1）相同材料、同一供应商的只做一次 2）若能提供方法十中的证明性文件,可免除此项目的确认检验	
		电磁兼容	一次/两年	
空调器	GB 4706.1—2005 GB 4706.32—2012 GB 4343.1—2009 GB 4706.8—2008	接地电阻	一次/年 （§27.5）	√ （附录中方法一）
		电气强度	一次/年 （§13.3）	√ （附录中方法二）
		泄漏电流	一次/年 （§13.2）	
		输入功率和电流	一次/年 （§10）	
		标志	一次/年 （§7）	
		发热	一次/年 （§11）	
		非正常工作	一次/年 （§19.5 §19.8）	
		防水	一次/年 （§15）	
		耐热、耐燃	一次/年 （§30） 注:耐热、耐燃 1）相同材料、同一供应商的只做一次 2）若能提供方法十中的证明性文件,可免除此项目的确认检验	
		电磁兼容	一次/两年	

（续）

产品名称	认证依据标准	试验项目	确认检验 （标准条款编号）	例行检验 （标准条款编号）
电动机- 压缩机	GB 4706.1—2005 GB 4706.17—2010	接地电阻	一次/年 （§ 27.5）	
		电气强度	一次/年 （§13.3）	√ （附录中方法二）
		泄漏电流	一次/年 （§13.2）	
		机械强度－水压试验	一次/年 （§21.10）	
		耐热、耐燃	一次/年 （§30） 注:耐热、耐燃 1)相同材料、同一供应商的只做一次 2)若能提供方法十中的证明性文件,可免除此项目的确认检验	
		接地电阻试验仅适用于器具电源线直接连到电动机-压缩机接线端子上的情况		
储水式电 热水器	GB 4706.1—2005 GB 4706.12—2006	接地电阻	一次/年 （§ 27.5）	√ （附录中方法一）
		电气强度	一次/年 （§13.3）	√ （附录中方法二）
		泄漏电流	一次/年 （§13.2）	
		输入功率和电流	一次/年 （§10）	
		标志	一次/年 （§7）	
		结构	一次/年 （§22.102）	√ （附录中方法五）
		耐热、耐燃	一次/年 （§30） 注:耐热、耐燃 1)相同材料、同一供应商的只做一次 2)若能提供方法十中的证明性文件,可免除此项目的确认检验	
家用电动 洗衣机	GB 4706.1—2005 GB 4706.24—2008 GB 4706.26—2008 GB 4706.20—2004 （适用时） GB 4343.1—2009 GB 4706.8—2008	接地电阻	一次/年 （§ 27.5）	√ （附录中方法一）
		电气强度	一次/年 （§13.3）	√ （附录中方法二）
		泄漏电流	一次/年 （§13.2）	
		输入功率和电流	一次/年 （§10）	

（续）

产品名称	认证依据标准	试验项目	确认检验 （标准条款编号）	例行检验 （标准条款编号）
家用电动洗衣机	GB 4706.1—2005 GB 4706.24—2008 GB 4706.26—2008 GB 4706.20—2004 （适用时） GB 4343.1—2009 GB 4706.8—2008	标志	一次/年 （§7）	
		防触电保护	一次/年 （§8）	
		溢水、淋水后的电气强度	一次/年 （§15.3）	
		稳定性和机械 危险-门盖联锁 稳定性和机械 危险-制动试验	一次/半年 （§20）	√ （附录中方法四）
		耐热、耐燃	一次/年 （§30） 注:耐热、耐燃 1)相同材料、同一供应商的只做一次 2)若能提供方法十中的证明性文件,可免除此项目的确认检验	
		电磁兼容	一次/两年	
真空吸尘器	GB 4706.1—2005 GB 4706.7—2004 GB 4343.1—2009 GB 4706.8—2008	接地电阻	一次/年 （§27.5）	√ （附录中方法一）
		电气强度	一次/年 （§13.3）	√ （附录中方法二）
		泄漏电流	一次/年 （§13.2）	
		输入功率	一次/年 （§10）	√ （附录中方法七）
		标志	一次/年 （§7）	
		发热	一次/年 （§11）	
		非正常工作	一次/年 （§19.10）	
		耐热、耐燃	一次/年 （§30） 注:耐热、耐燃 1)相同材料、同一供应商的只做一次 2)若能提供方法十中的证明性文件,可免除此项目的确认检验	
		电磁兼容	一次/两年	

（续）

产品名称	认证依据标准	试验项目	确认检验 （标准条款编号）	例行检验 （标准条款编号）
室内加热器	GB 4706.1—2005 GB 4706.23—2007	接地电阻	一次/年 （§ 27.5）	√ （附录中方法一）
		电气强度	一次/年 （§ 13.3）	√ （附录中方法二）
		泄漏电流	一次/年 （§ 13.2）	
		输入功率和电流	一次/年 （§ 10）	
		标志	一次/年 （§ 7）	
		结构	一次/年 （§ 22.8）	√ （附录中方法六）
		耐热、耐燃	一次/年 （§ 30） 注:耐热、耐燃 1）相同材料、同一供应商的只做一次 2）若能提供方法十中的证明性文件,可免除此项目的确认检验	
皮肤和毛发护理器具	GB 4706.1—2005 GB 4706.15—2008 GB 4343.1—2009 GB 4706.8—2008	接地电阻	一次/年 （§ 27.5）	√ （附录中方法一）
		电气强度	一次/年 （§ 13.3）	√ （附录中方法二）
		泄漏电流	一次/年 （§ 13.2）	
		输入功率和电流	一次/年 （§ 10）	
		标志	一次/年 （§ 7）	
		耐热、耐燃	一次/年 （§ 30） 注:耐热、耐燃 1）相同材料、同一供应商的只做一次 2）若能提供方法十中的证明性文件,可免除此项目的确认检验	
		电磁兼容	一次/两年	
		接地电阻在器具适用时测量		

（续）

产品名称	认证依据标准	试验项目	确认检验 （标准条款编号）	例行检验 （标准条款编号）
快热式电热器	GB 4706.1—2005 GB 4706.11—2008	接地电阻	一次/年 （§27.5）	√ （附录中方法一）
		电气强度	一次/年 （§13.3）	√ （附录中方法二）
		泄漏电流	一次/年 （§13.2）	
		输入功率和电流	一次/年 （§10）	
		标志	一次/年 （§7）	
		结构	一次/年 （§22.8）	√ （附录中方法五）
		非正常工作	一次/年 （§19.2）	
		耐热、耐燃	一次/年 （§30） 注:耐热、耐燃 1)相同材料、同一供应商的只做一次 2)若能提供方法十中的证明性文件,可免除此项目的确认检验	
电熨斗	GB 4706.1—2005 GB 4706.2—2007 GB 4343.1—2009 GB 4706.8—2008	接地电阻	一次/年 （§27.5）	√ （附录中方法一）
		电气强度	一次/年 （§13.3）	√ （附录中方法二）
		泄漏电流	一次/年 （§13.2）	
		输入功率和电流	一次/年 （§10）	
		标志	一次/年 （§7）	
		非正常工作	一次/年 （§19.4）	
		耐热、耐燃	一次/年 （§30） 注:耐热、耐燃 1)相同材料、同一供应商的只做一次 2)若能提供方法十中的证明性文件,可免除此项目的确认检验	
		电磁兼容	一次/两年	

（续）

产品名称	认证依据标准	试验项目	确认检验 （标准条款编号）	例行检验 （标准条款编号）
电磁灶	GB 4706.1—2005 GB 4706.29—2008 （便捷式）或 GB 4706.14—2008 （便携式） GB 4706.22—2008 （驻立式）	接地电阻	一次/年 （§27.5）	√ （附录中方法一）
		电气强度	一次/年 （§13.3）	√ （附录中方法二）
		泄漏电流	一次/年 （§13.2）	
		输入功率和电流	一次/年 （§10）	
		标志	一次/年 （§7）	
		非正常工作	一次/年 （§19.4）	
		耐热、耐燃	一次/年 （§30） 注:耐热、耐燃 1)相同材料、同一供应商的只做一次 2)若能提供方法十中的证明性文件,可免除此项目的确认检验	
电烤箱（便携式烤架、面包片烘烤器及类似烹调器具）	GB 4706.1—2005 GB 4706.14—2008	接地电阻	一次/年 （§27.5）	√ （附录中方法一）
		电气强度	一次/年 （§13.3）	√ （附录中方法二）
		泄漏电流	一次/年 （§13.2）	
		输入功率和电流	一次/年 （§10）	
		标志	一次/年 （§7）	
		耐热、耐燃	一次/年 （§30） 注:耐热、耐燃 1)相同材料、同一供应商的只做一次 2)若能提供方法十中的证明性文件,可免除此项目的确认检验	
电动食品加工器具（食品加工机（厨房机械））	GB 4706.1—2005 GB 4706.30—2008	接地电阻	一次/年 （§27.5）	√ （附录中方法一）
		电气强度	一次/年 （§13.3）	√ （附录中方法二）
		泄漏电流	一次/年 （§13.2）	
		输入功率和电流	一次/年 （§10）	

（续）

产品名称	认证依据标准	试验项目	确认检验（标准条款编号）	例行检验（标准条款编号）
电动食品加工器具（食品加工机（厨房机械））	GB 4706.1—2005 GB 4706.30—2008	标志	一次/年（§7.1）	
		发热	一次/年（§2.2.30,11）	
		溢水后电气强度	一次/年（§15.3）	
		耐热、耐燃	一次/年（§30）注:耐热、耐燃 1）相同材料、同一供应商的只做一次 2）若能提供方法十中的证明性文件,可免除此项目的确认检验	
微波炉	GB 4706.1—2005 GB 4706.21—2008	接地电阻	一次/年（§27.5）	√（附录中方法一）
		电气强度	一次/年（§13.3）	√（附录中方法八）
		泄漏电流	一次/年（§13.2）	
		输入功率和电流	一次/年（§10）	
		标志	一次/年（§7）	√（附录中方法八）
		微波泄漏		√（附录中方法八）
		非正常工作	一次/年（§19.101）	
		结构	一次/年（§20.104）	√（附录中方法八）
		耐热、耐燃	一次/年（§30）注:耐热、耐燃 1）相同材料、同一供应商的只做一次 2）若能提供方法十中的证明性文件,可免除此项目的确认检验	
电灶、灶台、烤炉和类似器具（驻立式电烤箱、固定式烤架及类似烹调器具）	GB 4706.1—2005 GB 4706.22—2008	接地电阻	一次/年（§27.5）	√（附录中方法一）
		电气强度	一次/年（§13.3）	√（附录中方法二）
		泄漏电流	一次/年（§13.2）	

（续）

产品名称	认证依据标准	试验项目	确认检验 （标准条款编号）	例行检验 （标准条款编号）
电灶、灶台、烤炉和类似器具（驻立式电烤箱、固定式烤架及类似烹调器具）	GB 4706.1—2005 GB 4706.22—2008	输入功率和电流	一次/年 （§10）	
		标志	一次/年 （§7）	
		耐热、耐燃	一次/年 （§30） 注：耐热、耐燃 1）相同材料、同一供应商的只做一次 2）若能提供方法十中的证明性文件，可免除此项目的确认检验	
吸油烟机	GB 4706.1—2005 GB 4706.28—2008	接地电阻	一次/年 （§27.5）	√ （附录中方法一）
		电气强度	一次/年 （§13.3）	√ （附录中方法二）
		泄漏电流	一次/年 （§13.2）	
		输入功率	一次/年 （§10）	√ （附录中方法九）
		标志	一次/年 （§7）	
		发热	一次/年 （§11）	
		非正常工作	一次/年 （§19.6）	
		机械危险	一次/年 （§20.2）	
		耐热、耐燃	一次/年 （§30） 注：耐热、耐燃 1）相同材料、同一供应商的只做一次 2）若能提供方法十中的证明性文件，可免除此项目的确认检验	
液体加热器	GB 4706.1—2005 GB 4706.19—2008	接地电阻	一次/年 （§27.5）	√ （附录中方法一）
		电气强度	一次/年 （§13.3）	√ （附录中方法二）
		泄漏电流	一次/年 （§13.2）	
		输入功率和电流	一次/年 （§10）	
		标志	一次/年 （§7.1）	

（续）

产品名称	认证依据标准	试验项目	确认检验 （标准条款编号）	例行检验 （标准条款编号）
液体加热器	GB 4706.1—2005 GB 4706.19—2008	耐热、耐燃	一次/年 （§30） 注：耐热、耐燃 1）相同材料、同一供应商的只做一次 2）若能提供方法十中的证明性文件，可免除此项目的确认检验	
电饭锅	GB 4706.1—2005 GB 4706.19—2008 GB 4343.1—2009 GB 4706.8—2008	接地电阻	一次/年 （§27.5）	√ （附录中方法一）
		电气强度	一次/年 （§13.3）	√ （附录中方法二）
		泄漏电流	一次/年 （§13.2）	
		输入功率和电流	一次/年 （§10）	
		标志	一次/年 （§7）	
		非正常工作	一次/年 （§19.4）	
		耐热、耐燃	一次/年 （§30） 注：耐热、耐燃 1）相同材料、同一供应商的只做一次 2）若能提供方法十中的证明性文件，可免除此项目的确认检验	
		电磁兼容	一次/两年	
冷热饮水机	GB 4706.1—2005 GB 4706.19—2008 GB 4706.13—2008 （适用时）	接地电阻	一次/年 （§27.5）	√ （附录中方法一）
		电气强度	一次/年 （§13.3）	√ （附录中方法二）
		泄漏电流	一次/年 （§13.2）	
		输入功率和电流	一次/年 （§10）	
		标志	一次/年 （§7）	
		非正常工作	一次/年 （§19.4）	
		耐热、耐燃	一次/年 （§30） 注：耐热、耐燃 1）相同材料、同一供应商的只做一次 2）若能提供方法十中的证明性文件，可免除此项目的确认检验	

2. 例行检验的试验方法（以下方法为推荐执行）

方法一：接地电阻

对于Ⅰ类器具，由一个空载电压不超过12V的交流电源获得至少10A的电流，以该电流通过每一个易触及接地的金属部件和接地端子（对于打算永久连接到固定布线的0Ⅰ类和Ⅰ类器具）或电源线插头的接地插销或其接地触点或器具输入插口的接地插销（对于其他器具），测量其两端的电压降并由电流、电压降计算接地电阻。接地电阻不应超过：

对于带有电源软线的是0.2Ω或$0.1\Omega+R$（R为电源线接地插头到器具接地端子之间的导线电阻）；

对于其他器具是0.1Ω。

注：1）测量位置的选取由制造厂商根据生产工艺确定。

2）测量时，测量笔或棒的尖端和金属部件之间的接触电阻不得影响检验的结果。

方法二：电气强度

器具的绝缘应能承受一个频率为50Hz或60Hz，持续时间为1s的正弦波电压。规定的最小试验电压值（有效值）和施加的部位按表A-2进行。

表 A-2

施加试验电压的部位	试验电压/V		Ⅲ类器具
	0、0Ⅰ、Ⅰ、Ⅱ类器具		
	额定电压		
	≤150V	>150V	
带电部件和通过下述绝缘方式进行隔离的易触及金属部件之间：			
——仅用基本绝缘隔离的	800	1000	400
——用加强或双重绝缘隔离的 *(1)(2)	2000	2500	—

(1)对于0类器具不需进行此项试验；

(2)对于0Ⅰ类、Ⅰ类器具中的Ⅱ类结构部件如果认为不合适则不需进行此项试验。

注：1）试验中应确保试验的电压施加在器具的所有相关的绝缘件上，例如：用继电器控制的电热元件。

2）该试验电路中应有一个电流敏感装置，当测试回路电流超过某一值时，它应跳闸，并以声或光报警方式提示结果不合格（推荐值为5mA，必要时可提高此值，但不能超过30mA），升压变压器应有足够的容量以维持规定的试验电压值直到跳闸电流流过。

3）可以用直流电压代替交流电压进行绝缘试验，但试验电压值按表A-2中规定值的1.5倍进行，频率最高到5Hz的交流电压认为是直流。

方法三：电风扇例行试验补充项目

输入功率试验方法，在额定电压、最大负载或制造厂规定的条件下，测量输入总功率。

方法四：家用电动洗衣机例行试验补充项目

1）滚桶式干衣机门盖联锁试验方法。试验时干衣机带额定负载，在额定电压或额定电压范围上限下运行。然后手动打开门，在开门超过75mm之前，能自动断开电机电源（滚筒停止运转）；在门开75mm时，再按下"启动工作"按钮，也不能使滚筒运转。

2）洗衣机、脱水机制动试验方法。顶开门或侧开门的滚筒式洗衣机如果工作时可打开机门、盖，则在打开超过 50mm 之前能切断电动机电源、滚筒停止运转。全自动波轮式洗衣机以及顶开门式脱水机在脱水工作状态，打开门盖 75mm 时，应能切断电源、洗涤桶或脱水桶停止运转。

前开门式脱水机或前开门式滚筒洗衣机如果在脱水工作时能打开机门、盖，则在门、盖打开 12mm 时应能切断电源，脱水桶或滚筒停止运转。在脱水状态，带额定负载，当机盖或机门打开（如果能打开）50mm 时，桶的转速应能在 7s 内降到 60r/min 以下。

方法五：贮水式电热水器及快热式电热水器例行试验补充项目

结构试验方法：

水箱应能承受用水、空气或其他气体进行的压力检验，压力为：

——0.7MPa（对于封闭式贮水式电热水器及封闭式快热式电热水器）；

——1.1 倍额定压力（对于那些额定压力大于 0.6MPa 的封闭式贮水式电热水器及封闭式快热式电热水器）；

——0.3MPa（对于水槽供水式贮水式电热水器）；

——0.15MPa（对于出口敞开式贮水式电热水器及出口敞开式快热式电热水器）；

——0.03MPa（对于水箱式贮水式电热水器）。

注： 可在单独的容器上进行。

方法六：充液式室内加热器例行试验补充项目

结构试验方法：

器具的充液容器应能承受用水、空气或其他气体的压力试验，压力为：

——对于充油式加热器，压力为 0.2MPa；

——对于那些工作压力大于 0.2MPa 的其他充液式室内加热器，压力为：1.1 倍的工作压力。

方法七：吸尘器例行试验补充项目

输入功率试验方法：

在额定电压和吸嘴敞开情况下测量输入功率，测量时间 5s。

方法八：微波炉例行试验补充项目

1）标志和说明试验方法。检查器具外壳上有无相关国标中规定的安全警告语。

2）结构试验方法。通过开门和关门检查门联锁系统是否能正常工作。

3）微波泄漏试验方法。微波炉在额定电压、适当的负载、微波功率为最大值的状态下工作，测量仪器的探头在距器具外表约 5cm 处进行测量，微波泄漏应不超过 50W/m，对于门和它的接缝处要给予特别的注意。

4）电气强度试验方法。电流敏感装置动作电流可提高到 100mA。

方法九：吸油烟机例行试验补充项目

输入功率试验方法：

在额定电压、最大负载或制造厂规定的条件下，测量输入总功率。

方法十：非金属材料证明文件要求

整机认证标准中对其耐热、耐燃、耐漏电起痕等性能有要求的非金属材料（如壳体、印制电路板、电气接线盒、接线端子等），应有与其对应的红外光谱曲线、差示扫描量热曲线、热重分析曲线等证明性文件。出具此证明文件的实验室需具有相关标准的 CNAS 认可资质并由认证机构认可，如申请人不能提供，则由认证机构推荐相关实验室出具。

红外光谱曲线、差示扫描量热曲线和热重分析曲线依据标准见表A-3。

表 A-3

试 验 项 目	标 准
红外光谱	GB/T 6040—2002
差示扫描量热	GB/T 19466.1—2004，GB/T 19466.2—2004，GB/T 19466.3—2004
热重分析	ISO 11358

附录B 关键安全元器件和材料清单及变更要求

关键安全元器件和材料清单见表B-1、表B-2。

表 B-1

元器件类别	元器件名称	对应标准	送样数量	分类	备 注
电源连接类	电线组件	GB 15934—2008	12组	B类	以下情况不适用简化流程 1. 对于手持式器具，如果更换的电源线与护套模压成一体，则需要增加电源线的弯曲试验 2. 对于带卷线盘的吸尘器产品，更换电源线需补充试验 3. 对于带基座的电水壶类产品，更换连接器件需补充试验
	电源插头	GB 2099.1—2008 GB 1002—2008	12个		
	电源线	GB/T 5013—2008 GB/T 5023—2008	50m		
	耦合器（含连接器）	GB 17465.1~2—2009	12套		
	连接器件	GB 13140.1~3—2008	10个		
		GB 13140.4—2008 GB 13140.5—2008	70个		
	扁形快速连接器	GB 17196—1997	24个		
开关类	器具开关	GB 15092.1—2010	10个	B类	以下情况不适用简化流程 1. 开关操动件表面带金属镀层的器具开关不适用简化流程 2. 微波炉产品的门联锁开关不适用简化流程
	继电器	GB/T 21711.1—2008	21个		
电自动控制器类	电控制器（含PTC自控加热器、电磁阀、水位开关、水流开关、排水牵引器、电流保护器和微机控制器等）	GB 14536.1—2008	10个	B类	
	电动机热保护器	GB 14536.1—2008 GB 14536.3—2008	10个	A类	
	管型荧光灯镇流器热保护器	GB 14536.1—2008 GB 14536.4—2008	10个	B类	
	压缩机用电动机热保护器	GB 14536.1—2008 GB 14536.5—2008	10个	A类	只适用于电动机-压缩机产品
	压力敏感电自动控制器	GB 14536.1—2008 GB 14536.7—2010	10个	B类	电熨斗类产品不适用简化流程

（续）

元器件类别	元器件名称	对应标准	送样数量	分类	备注
电自动控制器类	定时器和定时开关	GB 14536.1—2008 GB 14536.8—2010	10 个	B 类	
	电动水阀	GB 14536.1—2008 GB 14536.9—2008	10 个	B 类	
	温度敏感控制器	GB 14536.1—2008 GB 14536.10—2008	10 个	B 类	带电热元件的器具(辅助电加热元件除外)不适用简化流程
	热断路器	GB 14536.1—2008 GB 14536.10—2008		A 类	
	电动机用起动继电器	GB 14536.1—2008 GB 14536.11—2008	10 个	A 类	
	能量调节器	GB 14536.1—2008 GB 14536.12—2008	10 个	B 类	带电热元件的器具(辅助电加热元件除外)不适用简化流程
	电动门锁	GB 14536.1—2008 GB 14536.13—2008	10 个	B 类	
	湿度敏感控制器	GB 14536.1—2008 GB 14536.15—2008	10 个	B 类	
	家用洗衣机电脑程序控制器	GB/T 17499—2008	10 个	B 类	
照明部件类	螺口灯座	GB 17935—2007	12 个	B 类	
	卡口灯座	GB 17936—2007	12 个	B 类	
	荧光灯用交流电子镇流器	GB 19510.4—2009	6 个	B 类	
	荧光灯镇流器	GB 19510.9—2009	9 个	B 类	
	荧光灯用启动器	GB 20550—2006	30 个	B 类	
	管状荧光灯座/启动器座	GB 1312—2007	10 个	B 类	
	高强度气体放电灯镇流器	GB 19510.10—2009	17 个	B 类	
电容器类	交流电动机电容器	GB/T 3667.1—2005 GB/T 3667.2—2008	46 个	B 类	
	微波炉电容器	GB/T 18939.1—2003	30 个	B 类	
	电磁炉用高压电容器	GB/T 3984.1—2004 GB/T 3984.2—2004	40~70 个	B 类	
保护装置类	小型熔断器	GB 9364.1~3—1997	48 个(管状熔断体) 66 个(超小型熔断体)		
	热熔断体	GB 9816—2008	60 个	A 类	

（续）

元器件类别	元器件名称	对应标准	送样数量	分类	备 注
绕组类	电动机	GB 12350—2009	2个	A类	
	变压器	GB 19212.5—2011 GB 19212.7—2012 GB 19212.18—2006	7个	B类	带电热元件的器具（辅助电加热元件除外）不适用简化流程
其他	电动机-压缩机	GB 4706.1—2005 GB 4706.17—2010	3台	A类	
	负离子发生器	GB 4706.45—2008	2个	B类	
	日用管状电热元件	JB/T 4088—2012	9个	B类	带电热元件的器具（辅助电加热元件除外）不适用简化流程
	其他类型电热元件	随整机测试		B类	带电热元件的器具（辅助电加热元件除外）不适用简化流程
	家用微波炉用磁控管	随整机测试		A类	
	电磁发热线圈盘	随整机测试		A类	
	高压变压器	随整机测试		A类	只适用于微波炉产品
	高压熔断器	随整机测试		A类	只适用于微波炉产品
	排水泵	随整机测试		A类	
	微晶玻璃台面	随整机测试		A类	
	电动机-压缩机接线盒	随整机测试		A类	

表 B-2

名 称	需要控制的项目	分 类	备 注
内部导线	供应商、产品名称型号规格 导线材质、截面积 绝缘层材料	B类元器件	未获得认证的内部导线不适用简化流程
接线端子	供应商、产品名称型号规格 端子（金属）材质 端子接线面积 端子座绝缘材料的材质	B类元器件	未获得认证的接线端子不适用简化流程
非金属材料	供应商 部件名称（如外壳、支撑、带电件等） 材料名称（如 ABS、PBT、PA、PC 等） 牌号（如 PC-6、PC-66 等） 燃烧等级（如 HB40、HB75 等） 各种材料的材质	A类元器件	

注：1. 带电热元件的器具（辅助电加热元件除外）是指：0703，带制热功能的空调器；0705，家用电动洗衣机类；0706，电热水器类；0707，室内加热器类；0709，皮肤和毛发护理器具类；0710，电熨斗类；0712，电烤箱（便携式烤架、面包片烘烤器及类似烹调器具）类；0713，电动食品加工器具；0714，微波炉类；0715，电灶、灶台、烤炉和类似器具（驻立式电烤箱、固定式烤架及类似烹调器具类）；0717，液体加热器类和冷热饮水机类；0718，电饭锅类。

2. 随整机样品同时提供的非金属材料包括：器具上所使用的非金属材料应有耐热、耐燃和耐漏电起痕的性能。申请人应随整机提供所使用的相关的非金属零部件每种 2～3 个，或提供相应非金属材料样块（125mm × 13mm×3mm）5 块。

关键安全元器件和材料的变更要求如下：

1. 关键安全元器件和材料（以下简称关键元器件）分类的定义

A 类元器件：关键元器件变更时，整机是否符合标准要求必须经过整机或关键元器件标准中相关项目所规定的试验确认。

B 类元器件：关键元器件变更时，在满足简化流程的前提下，整机是否符合标准要求仅需通过资料确认/技术判断。

关键元器件的分类见表 B-1、表 B-2。

2. 关键元器件的变更

1）A 类元器件的变更。A 类元器件的变更应经过认证机构的批准。

2）B 类元器件的变更。B 类元器件的变更可适用简化流程。

简化流程是指变更关键元器件时，仅需向认证机构报备的流程。

3）适用简化流程条件为：

① 变更的关键元器件属于 B 类元器件。

② 列入强制性产品认证目录/国家认监委规定的可为整机强制性产品认证承认认证结果的自愿性认证目录的 B 类元器件，应获得有效的强制性产品认证证书/国家认监委规定的可为整机强制性产品认证承认认证结果的自愿性认证证书，其他 B 类元器件应提供认证机构认可的自愿性认证证书/符合相应标准的 CNAS 认可的实验室出具的检测报告，且所有元器件技术参数、外形、材料及安装尺寸应与原有元器件一致。

③ 有生产者（制造商）任命/授权，并经认证机构考核认定的认证技术负责人。

④ 生产者（制造商）具有良好的信誉。

不满足以上条件的，B 类元器件变更时必须经认证机构批准。

适用简化流程的关键元器件的变更应由生产者（制造商）的认证技术负责人批准，并保存变更记录。

适用简化流程的 B 类元器件变更时，误报、漏报视为变更无效，并视同擅自变更关键元器件。认证机构一经发现违规变更的情况，应视情节严重程度依据《强制性产品认证管理规定》和《强制性产品认证证书注销、暂停、撤销实施规则》及认证机构的有关规定执行。

提供虚假变更信息的视为擅自变更关键元器件，认证机构应撤销其认证证书。

附录 C　家用和类似用途设备、音视频设备、信息技术设备强制性产品认证工厂检查要求

为保证批量生产的认证产品与已获型式试验合格样品的一致性，工厂应满足本文件规定的工厂检查要求。本文中的工厂涵盖认证委托人（生产者或者销售者、进口商）、生产者、生产企业。

1. 职责与责任

工厂应规定与保证认证要求符合性和产品一致性等有关的各类人员的职责及相互关系。

1.1　工厂应在其管理层内指定质量负责人，无论该成员在其他方面的职责如何，应具有以下方面的职责和权限，并有充分能力胜任：

a. 确保本文件的要求在工厂得到有效的实施和保持。

b. 确保认证产品符合认证标准的要求并与已获型式试验合格样品一致。

c. 了解强制性产品认证证书和标志的使用要求，强制性产品认证证书注销、暂停、撤销的条件，确保强制性产品认证证书、标志的正确使用。

1.2 工厂应在组织内部指定认证联络员，负责在认证过程中与认证机构保持联系，其有责任及时跟踪、了解认证机构及相关政府部门有关强制性产品认证的要求或规定，并向组织内报告和传达。

认证联络员跟踪和了解的内容应至少包括：

a. 强制性产品认证实施规则换版、产品认证标准换版及其他相关认证文件的发布、修订的相关要求。

b. 证书有效性的跟踪结果。

c. 国家级和省级监督抽查结果。

1.3 需建立适用简化流程的关键件变更批准机制的工厂，应在其组织内任命认证技术负责人、并确保其有充分能力胜任，其主要职责是负责适用简化流程的关键件变更的批准，确保变更信息准确及变更符合规定要求，并对产品的一致性负责。认证技术负责人应经认证机构考核认定。

关键件包括：关键元器件、重要部件和材料或关键元部件和材料。

2. 文件和记录

2.1 工厂应建立并保持文件化的程序，确保对本文件要求的文件和记录以及必要的外来文件和记录进行控制。

对可能影响认证产品与标准的符合性和型式试验合格样品一致性的主要内容，工厂应有必要的设计文件（如图样、样板、关键件清单等）、工艺文件和作业指导书。

2.2 工厂应确保文件的正确性、适宜性及使用文件的有效版本。

2.3 工厂应确保质量记录清晰、完整以作为产品符合规定要求的证据。

质量记录的保存期不得少于24个月。

2.4 工厂应建立并保持获证产品的档案。档案内容至少应包括：

a. 认证的相关资料和记录，如认证证书、型式试验报告、初始/年度监督工厂检查报告、产品变更/扩展批准资料、年度监督检查抽样检测报告、适用简化流程的关键件变更批准的相关记录等。这些资料和记录在证书到期后，仍需保存12个月以上。

b. 工厂应保留获证产品的经销商和/或销售网点或销售信息，并按认证机构的要求及时提供。

c. 认证产品的出入库单、台账。

3. 采购与关键件控制

3.1 采购控制

工厂应在采购文件中明确关键件的技术要求，该要求应满足整机认证的规定，并与型式试验报告确认的一致。

工厂应建立并保持关键件合格供应商名录。关键件应从经批准的合格供应商处购买。

工厂应保存关键件进货单，出入库单、台账。

3.2 关键件的控制

3.2.1　工厂应建立并保持文件化的程序，对供应商提供的关键件的检验或验证进行控制，确保与采购控制要求一致，应保存相关的检验或验证记录。

3.2.2　工厂应选择合适的控制质量的方式，以确保入厂的关键件的质量特性持续满足认证要求，并保存相关的实施记录。合适的控制质量的方式可包括：

a. 获得强制性产品认证证书/可为整机强制性产品认证承认认证结果的自愿性认证证书，工厂应确保进货时证书的有效性。

b. 每批进货检验，其检验项目和要求不得低于认证机构的规定。检验应由工厂实验室或工厂委托认可机构认可的外部实验室进行。

c. 按照认证机构的要求进行关键件定期确认检验。

注：认证机构可根据获证产品的质量稳定性以及工厂的良好记录和不良记录情况等因素，对获证工厂进行跟踪检查的分类管理，适当增加关键件定期确认检验的要求。

d. 工厂制定控制方案，其控制效果不低于3.2.2 a、b、c的要求。

4. 生产过程控制

4.1　工厂如有特殊工序，应进行识别并实施有效控制，控制的内容应包括操作人员的能力、工艺参数、设备和环境的适宜性、关键件使用的正确性。

注：对形成的产品是否合格不易或不能经济地进行验证的工序通常称为特殊工序。

4.2　如果特殊工序没有文件规定就不能保证产品质量时，应建立相应的作业指导文件，使生产过程受控。

4.3　对最终产品的安全和/或电磁兼容性能（有认证要求时）造成重要影响的关键工序、结构、关键件等应能在生产过程中通过建立和保持生产作业指南、照片、图样或样品等加以控制，确保最终产品与认证样品一致。

5. 例行检验、确认检验和现场见证/目证试验

5.1　工厂应建立并保持文件化的程序，对例行检验和确认检验进行控制，以确保认证产品满足规定的要求。

5.2　工厂通常应在生产的最终阶段对认证产品实施例行检验，其频次、项目、要求应不低于强制性产品认证实施规则的规定。若后续生产工序不会对之前的检验结果造成影响，例行检验可以在生产过程中完成。应保存相关的例行检验记录。

5.3　工厂应组织实施认证产品确认检验，其检验频次、项目、要求应不低于强制性产品认证实施规则的规定。若工厂不具备能力，确认检验应由经认可机构认可的实验室进行。工厂应保留确认检验记录和相关实验室的认可证明。

5.4　工厂应接受现场见证/目证试验。现场见证/目证试验的样品在工厂检验合格的认证产品中抽取，按工厂检查员指定的项目和要求，原则上由工厂检验人员利用工厂仪器设备实施，检查员现场见证。检验结果应符合认证要求。

6. 检验试验的仪器设备与人员

6.1　基本要求

工厂应配备足够的检验试验仪器设备，确保进货检验、例行检验设备的能力满足认证产品批量生产时的检验要求。

确认检验由工厂完成的，其设备能力应满足认证标准的检验要求。

检验人员应能正确地使用仪器设备，掌握检验项目的要求并有效实施。

6.2 校准和检定

用于确定产品符合规定要求的检验试验仪器设备应按规定的周期进行校准或检定。校准或检定应溯源至国家或国际基准。对自行校准的，应有文件规定校准方法、验收准则和校准周期等。仪器设备的校准或检定状态应能被使用及管理人员方便识别。

应保存仪器设备的校准或检定记录。

6.3 功能检查

对用于例行检验的设备应建立并保持功能检查要求。当发现功能检查结果不能满足规定要求时，应能追溯至已检测过的产品。必要时，应对这些产品重新进行检测，应规定操作人员在发现设备功能失效时需采取的措施。

功能检查结果及采取的措施等应予以记录。

7. 不合格产品的控制

7.1 工厂应对不合格产品采取标识、隔离、处置等措施，避免不合格产品非预期使用或交付，返工或返修后的产品应重新检验。

7.2 工厂应收集国家级和省级监督抽查、工厂检查、监督抽样检测、客户投诉等发现的认证产品不合格信息，对不合格产生的原因进行分析，并采取相应的措施。工厂应保存相关的信息收集、原因分析、处置及防止再发生的措施等记录。

7.3 工厂获知其认证产品存在认证质量问题，应及时通知认证机构。

8. 认证产品的一致性要求

认证产品一致性要求的主要内容有：标识；涉及安全与电磁兼容性能（有认证要求时）的结构；关键件等。

8.1 标识

认证产品铭牌和包装箱上标明的产品名称、型号规格、技术参数应符合标准要求并与型式试验报告和工厂的规定一致。

8.2 产品结构

认证产品涉及安全与电磁兼容性能（有认证要求时）的结构应符合标准要求并与型式试验合格样品和工厂的规定一致。

8.3 关键件

认证产品所用的关键件应满足以下要求：

a. 符合相关标准要求。

b. 与经确认/批准或备案的一致。

c. 与工厂的规定一致。

d. 采购关键件的数量应与整机出货数量相对匹配。

8.4 变更

工厂应建立并保持文件化的程序，对可能影响认证产品与标准的符合性和型式试验合格样品一致性的变更进行控制，程序的内容应符合强制性产品认证实施规则和认证机构的规定，变更应得到认证技术负责人或认证机构批准方可实施。工厂应保存变更批准的相关记录。

8.5 标样/留样的管理

需标样/留样的认证产品，工厂应妥善保管和使用型式试验合格样品的标样/留样，应保存标样/留样清单及使用记录。

注：标样/留样通常指由检测机构标识出来的型式试验合格的认证样品。

9. 认证标志和证书的使用

工厂应确保认证标志的妥善保管和正确使用，保存认证标志的使用记录。工厂对认证证书和认证标志的管理和使用应符合《强制性产品认证管理规定》《强制性产品认证标志管理办法》等规定及认证机构的有关要求。

10. 延伸检查

认证机构如果在生产现场无法完成本文件要求的工厂检查时，可延伸到认证委托人、生产者等处进行检查。

参 考 文 献

［1］ 全国家用电器标准化技术委员会. GB 4706.1—2005 家用和类似用途电器的安全 第 1 部分：通用要求［S］. 北京：中国标准出版社，2005.

［2］ 全国家用电器标准化技术委员会. GB 4706.1—2005 《家用和类似用途电器的安全 第 1 部分：通用要求》宣贯教材［M］. 北京：中国标准出版社，2006.

［3］ 全国认证认可标准化技术委员会. GB/T 27065—2004 《产品认证机构通用要求》理解与实施［M］. 北京：中国标准出版社，2006.

［4］ 全国家用电器标准化技术委员会. GB 4706.24—2000 家用和类似用途电器的安全 洗衣机的特殊要求［S］. 北京：中国标准出版社，1999.

［5］ 李大伟，王斐民. 中华人民共和国认证认可条例释义［M］. 北京：中国法制出版社，2003.

［6］ 李怀林. 产品认证工厂检查员培训教程［M］. 北京：中国计量出版社，2005.

［7］ 中国赛宝（总部）实验室. 电子产品的安全要求、试验与设计［M］. 北京：中国标准出版社，2004.

［8］ 吴国平. 家用电器检验技术［M］. 北京：中国标准出版社，2000.